はじめに

急速なデジタル化や、あらゆるモノをインターネットにつなぐ「IoT」の広がりなどによって、取得できるデータの量がどんどん増えています。

集まった膨大なデータを分析するために必要なのが「統計学」、そしてビジネスの変革に活用するための研究が「データサイエンス」です。Google や Amazon といったビッグテックが世界を代表する企業であり続ける秘訣も、たくさんのデータとそれを活かすデータサイエンスの戦略にあると言われています。今はもう「データを上手く活用する者がビジネスを制す」と言っても過言ではない時代なのです。

本書は、統計学、データサイエンスとはどんなものなのかを、イラスト主体のレイアウトでスピーディーに理解できる1冊になっています。皆様のビジネスにデータという武器を取り入れるきっかけとして、この本を活用していただければ幸いです。

野村総合研究所 未来創発センター

倍速講義

仕事で役立つ統計学

監修

野村総合研究所
未来創発センター

日本経済新聞出版

本書の見方

見開き完結でわかりやすい

統計学とデータサイエンスの基本が瞬時にインプットできる！

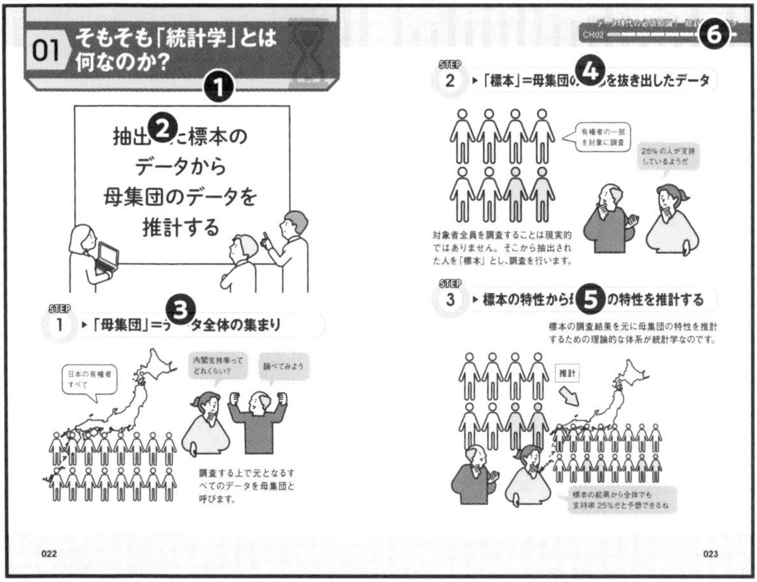

01 そもそも「統計学」とは何なのか？ ❶

抽出❷た標本のデータから母集団のデータを推計する

STEP 1 ▸「母集団」＝デ❸タ全体の集まり

日本の有権者すべて

内閣支持率ってどれくらい？

調べてみよう

調査する上で元となるすべてのデータを母集団と呼びます。

022

データ時代の必須知識！ 統計… ❻
CH02

STEP 2 ▸「標本」＝母集団の❹を抜き出したデータ

有権者の一部を対象に調査

25％の人が支持しているようだ

対象者全員を調査することは現実的ではありません。そこから抽出された人を「標本」とし、調査を行います。

STEP 3 ▸ 標本の特性から母❺の特性を推計する

標本の調査結果を元に母集団の特性を推計するための理論的な体系が統計学なのです。

推計

標本の結果から全体でも支持率25％だと予想できるね

023

タイパ抜群の見るだけレイアウト

❶ この見開きの主題・目指す意図です。

❷ この見開きで学べる概要です。

❸
❹
❺ 概要をより深く知るための3ステップ

❻ この章の進捗度合を表示しています。

眺めるだけで理解できる！
タイパ最強の入門書です！

Chapter 3 ビジネスに活かす統計学とデータ分析

Chapter 4 急速に注目が集まったデータサイエンス

Chapter 5 データサイエンティストをとりまく課題

Chapter 6 データサイエンスの未来

Chapter

1

データの活用で世の中はこんなに変わった

新商品
AI

データはどのように使われているのか、事例をイメージでチェックしてみましょう。

01 チケットの価格が需要に応じて変わる

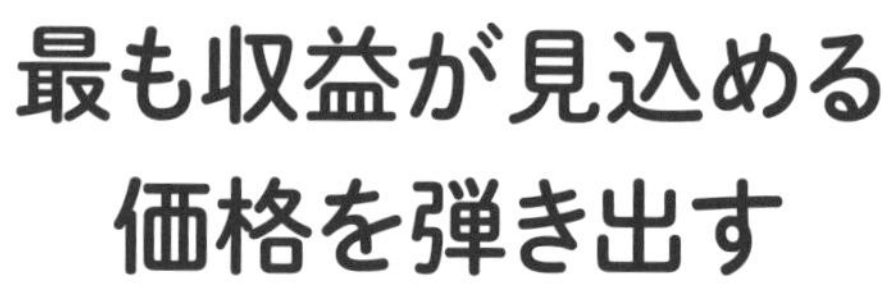

最も収益が見込める
価格を弾き出す

STEP 1 ▶チケットの需給は状況によって変わる

消化試合
主催者
この試合は
観に行かなくて
いいかな
空席が多い！
チケットが安けれ
ば入ったかなあ

優勝決定戦
満員だ……
高くてもいいから観
に行きたかった
チケット代をもっと
高くすればよかった

スポーツ観戦などのチケットは、天候や試合の背景情報といった様々な要因によって需給が変動します。

STEP 2 ▶需給バランスが崩れると収益を取りこぼしてしまう

ココを取りこぼしているのか
価格
高くても買いたい!
売上
販売量
安かったら買ってもいいな

価格が固定されていると需要と供給のバランスが崩れるときがあるため、収益を取りこぼしてしまうことになります。

STEP 3 ▶需要を予測して価格を変動させる

価格
売上
販売量
空席も少なくなったし売上も上がったぞ!

需要予測に基づき、最も大きな収益が得られる価格を設定する仕組みを価格最適化（ダイナミックプライシング）と言います。

02 小売業の発注業務はAIで超効率化

「内部データ」と
「外部データ」で
需要を予測

STEP 1 ▸ 発注業務の手間と難しさ

新商品はどれくらい
売れるだろう
まったく予測が
立たないよ

発注業務は、天候や販促施策など変動しやすい需要を考慮しながら、人間が時間と手間をかけて行ってきました。

STEP 2 ▶「内部データ」と「外部データ」で需要を予測する

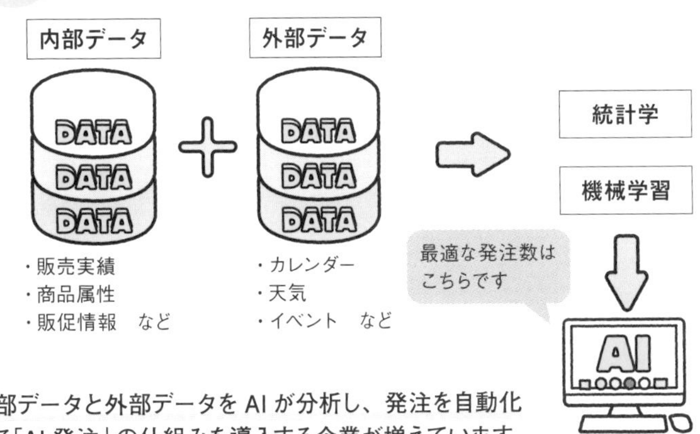
内部データ
外部データ
DATA
DATA
DATA
DATA
DATA
DATA
・販売実績
・商品属性
・販促情報　など
・カレンダー
・天気
・イベント　など
統計学
機械学習
最適な発注数は
こちらです
AI

内部データと外部データをAIが分析し、発注を自動化する「AI発注」の仕組みを導入する企業が増えています。

STEP 3 ▶AI発注で作業時間と欠品率を抑える

あるスーパーマーケットではAI発注により、発注時間を約30%、欠品率を約20%削減することに成功しました。

新商品
AI
前よりも早く
発注業務が終
わった
欲しい人みんなに
行き届いた！

03 データを駆使してスポーツがよりおもしろく!

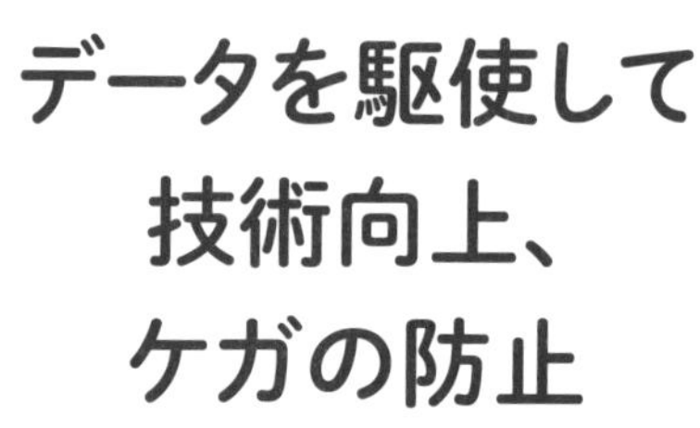
データを駆使して
技術向上、
ケガの防止

STEP 1 ▶スポーツ関連のデータは増え続けている

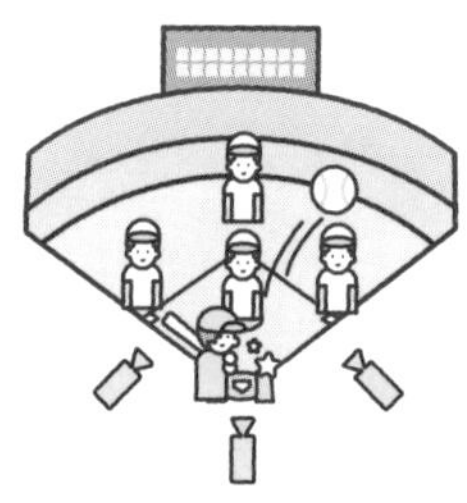

球速

回転数

3D 投球軌道　ストライクゾーン分析　など

データを活用して、スポーツのパフォーマンス向上を目指すことをスポーツデータサイエンスと言います。

わからなかった感覚が“見える化”された
コーチングに活かしてパフォーマンスを上げよう

STEP 2 ▶データがもたらした「フライボール革命」

MLB（メジャーリーグ）では、ゴロよりも打ち上げた打球のほうがチームに貢献できるという新常識が、データ分析によって生まれました。

地面を転がす打球
・ホームランの可能性ナシ
打ち上げる打球
・ホームランはもとより、
ヒットの確率もアップ
フライボール革命

AI
ゴロよりもフライの
ほうが得点につなが
る確率が高いです

STEP 3 ▶ケガの予防や治療にも活用できる

AI
ケガを防ぐためには
このトレーニングが有効だ
効率的に治療ができる

スポーツデータサイエンスは、競技のパフォーマンス向上のみならず、ケガの予防や治療にも活かされています。

04 データの力で人材配置の精度がアップ

客観的な指標を
使った人事戦略

STEP 1 ▶ 現場任せのマネジメントには問題がある

能力が活かせるところ
に転職しよう
やりたくない仕事ばかりで
モチベーションが上がらない
この上司が苦手
で働きにくい

配属先任せの従来の人材マネジメントは、社員と業務とのミスマッチや、離職率の上昇などといった問題が出やすい傾向にあります。

STEP 2 ▶ 人事に活かされるデータサイエンス

属性データ
- 性別、年齢
- 家族構成
- 社歴　など

勤務データ
- 役職、給与・異動履歴
- 能力、評価

性格・志向データ
- 仕事への姿勢
- 実行力、チームワーク
- 人間関係　など

行動データ
- 社内外ネットワーク
- メール送付先、内容
- 社外での移動時間など

データを使って
配属先を
決めよう

従業員に関するデータをまとめて分析し、それを人事戦略に活用することをピープルアナリティクス（PA）と言います。

STEP 3 ▶ 意欲的な社員が増え、利益につながる

営業スキルを
アピールするぞ！
やりがいが
あって楽しい！
PAのおかげで利益
が上がって離職率も
低下しました

客観的なデータに基づいた人材マネジメントを行うことで、パフォーマンスや従業員満足度の向上につなげることができます。

05 最短の配送ルートをデータから導き出す

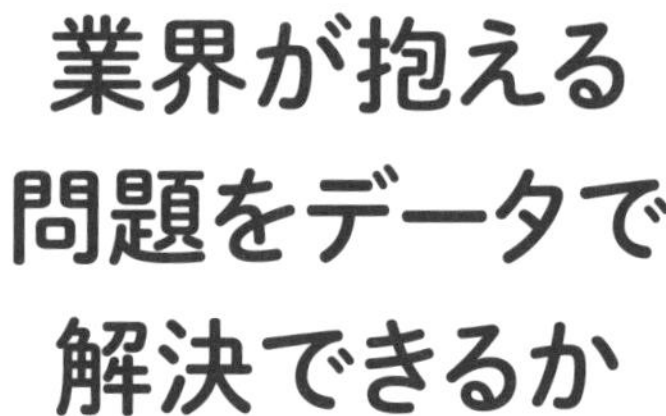
業界が抱える
問題をデータで
解決できるか

STEP 1 ▶ 最も効率的な配送ルートは？

倉庫
倉庫
どうやって回れば最短で
配達できるかな？

物流業界では、コストや時間が最小限になる配送ルートの確立が課題となっています。

STEP 2 ▶制約となる要素の多さと複雑さ

・受取希望時間

・交通ルール

・トラックの積載量

・ドライバーの勤務時間

・トラックの台数削減　など

制約が多すぎて
導き出すのが難
しい

配送ルートの最適化は実に複雑な作業です。制約となるすべての要素を計算しようとすると時間がかかり、現実的ではありません。

STEP 3 ▶進化し続ける配送の最適化

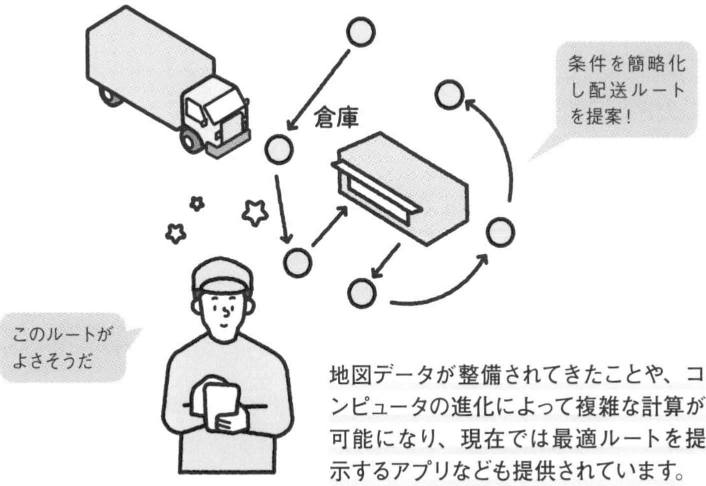
倉庫
条件を簡略化
し配送ルート
を提案！
このルートが
よさそうだ

地図データが整備されてきたことや、コンピュータの進化によって複雑な計算が可能になり、現在では最適ルートを提示するアプリなども提供されています。

06 データが変えてきたマーケティング戦略の歴史

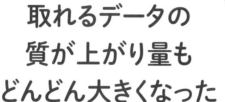

取れるデータの
質が上がり量も
どんどん大きくなった

STEP 1 ▶ 多くの人へ情報を届ける戦略

1980年代~

買いに行こう

おいしそう、CMでも
見たことがあるかも!

顧客情報が手に入らなかった時代は、とにかく多くの人に情報を届けることがポイントでした。

STEP 2 ▶ターゲットが興味を持ちそうな情報を提供

2000年代～
男性よりも女性顧客のほうが多いね
一緒にジュースも買われているね

ITの発達によって顧客データが取得しやすくなると、顧客が興味を持ちそうな情報の予測ができるようになりました。

STEP 3 ▶個人のニーズを把握して情報を提供

2010年代～

節約アプリとユーザー層が重なっている
コスパ重視の人が多いね

より深い消費者データが取得できるようになった近年では、購入に至る経緯や感情、顧客の志向など多くの情報に基づいた情報提供が可能になりました。

Column ①

弱小野球チームがデータの力で大変身

2011年に公開された『マネーボール』という映画では、弱小野球チームがデータの力を使って強豪へと生まれ変わる姿が、実話をもとに描かれています。

予算が少なく、スター選手を集めることができない厳しいチーム事情の中で、徹底したデータ分析によって常識を覆すような戦術や選手の起用法を次々に編み出し、見事に強いチームを作り上げたのでした。

野球のプレーにおける統計データを選手の評価や戦略の立案に活かす手法は「セイバーメトリクス」と呼ばれ、現在では世界中のプロ野球チームで活用されています。

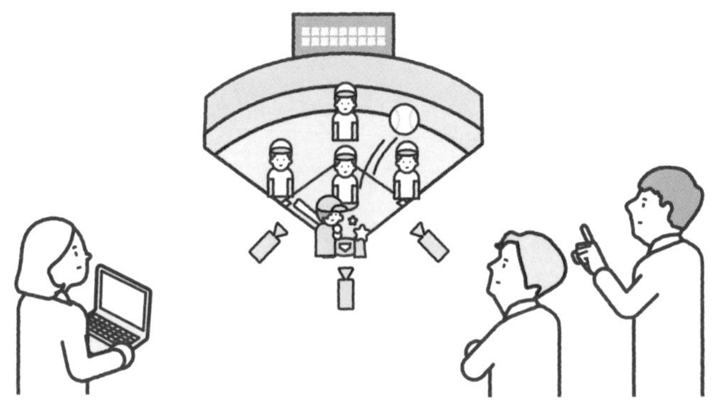

Chapter 2

データ時代の必須知識！統計学のキホン

データサイエンスのベースは統計学。その基礎的な知識をつかんでおきましょう。

01 そもそも「統計学」とは何なのか？

抽出した標本のデータから母集団のデータを推計する

STEP 1 ▶「母集団」＝データ全体の集まり

日本の有権者
すべて

内閣支持率って
どれくらい？
調べてみよう

調査する上で元となるすべてのデータを母集団と呼びます。

STEP 2 ▶「標本」=母集団の一部を抜き出したデータ

有権者の一部
を対象に調査

25% の人が支持
しているようだ

対象者全員を調査することは現実的ではありません。そこから抽出された人を「標本」とし、調査を行います。

STEP 3 ▶標本の特性から母集団の特性を推計する

標本の調査結果を元に母集団の特性を推計するための理論的な体系が統計学なのです。

推計
標本の結果から全体でも
支持率 25%だと予想できるね

02 使い分けが重要な「平均値」と「中央値」

中央値のほうが
“平均像”に近い
場合がある

STEP 1 ▶全データをならしたものが平均値

ゲームの結果	
A さん	200pt
B さん	80pt
C さん	70pt
D さん	60pt
E さん	50pt

合計	460pt
平均	92pt

平均値は全データを合計した数を、データの総数で割ったときに出る値です。

平均値より上だ

平均値より下だ

A B C D E

STEP 2 ▶全データの真ん中にあるのが中央値

データを数値順で並べたときに真ん中にあるのが中央値です。

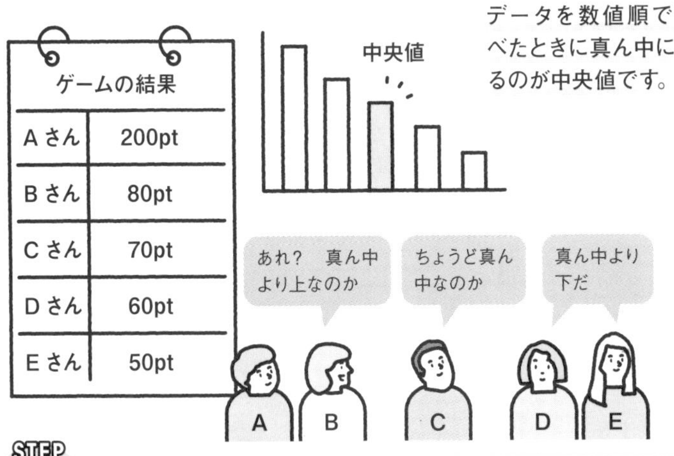
ゲームの結果
Aさん 200pt
Bさん 80pt
Cさん 70pt
Dさん 60pt
Eさん 50pt
中央値
あれ？ 真ん中より上なのか
ちょうど真ん中なのか
真ん中より下だ
A
B
C
D
E

STEP 3 ▶結果や内容に応じて使い分けが必要

日本人の平均的な収入はいくら？
100
80
60
試験の平均点は何点？合格ラインは？

平均値は極端な数値の影響を受けやすく、中央値はデータ全体の変化や比較には不向きです。データの特性や調べたいことに合わせて使い分けることが重要です。

03 データのバラつき度合いを示す「分散」

各データが
平均値から
どれくらい
離れているか

STEP 1 ▶ 分散はデータのバラつき

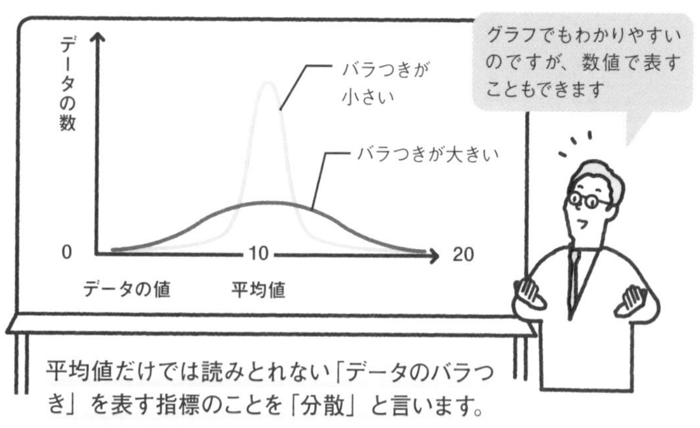
データの数
バラつきが小さい
バラつきが大きい
0
10
20
データの値
平均値
グラフでもわかりやすいのですが、数値で表すこともできます

平均値だけでは読みとれない「データのバラつき」を表す指標のことを「分散」と言います。

STEP 2 ▶偏差の2乗を平均して求める「分散」

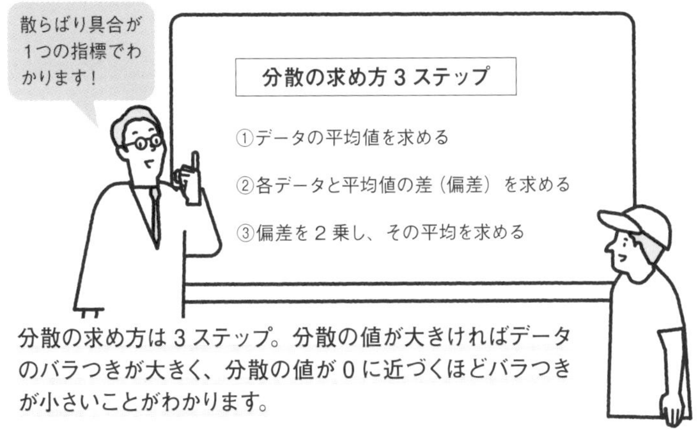
散らばり具合が
1つの指標でわ
かります！
分散の求め方 3 ステップ
①データの平均値を求める
②各データと平均値の差（偏差）を求める
③偏差を 2 乗し、その平均を求める

分散の求め方は 3 ステップ。分散の値が大きければデータのバラつきが大きく、分散の値が 0 に近づくほどバラつきが小さいことがわかります。

STEP 3 ▶2乗するのは値をすべてプラスにするため

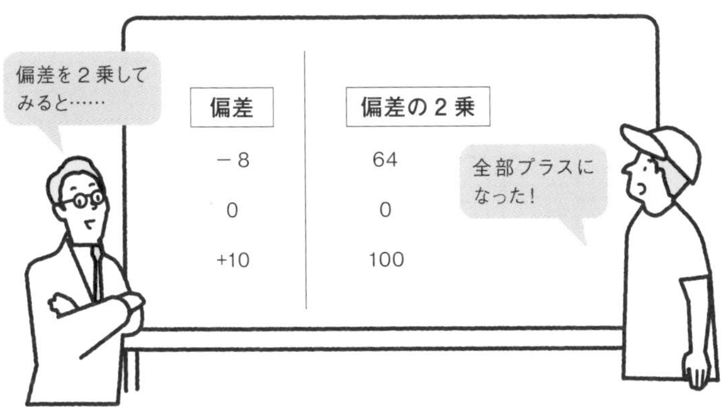
偏差を 2 乗して
みると……
偏差
－8
0
+10
偏差の 2 乗
64
0
100
全部プラスに
なった！

分散を求めるとき、偏差を 2 乗するのはすべての値をプラスにするためです。

04 データのバラつきを元データの単位で表す「標準偏差」

標準偏差＝
分散の平方根

STEP 1 ▶ 分散は偏差の「2乗」の平均

偏差	-8	0	+10	……
偏差の2乗	64	0	100	……

A 組男子 20 人の身長の分散＝ 144

分散を求めるプロセスでは、偏差の値を２乗します

偏差をそのまま合計したら０になってしまうからね

分散の欠点は、データを２乗しているため単位の意味がわかりにくいことです。

STEP 2 ▶分散の平方根で表す「標準僅差」

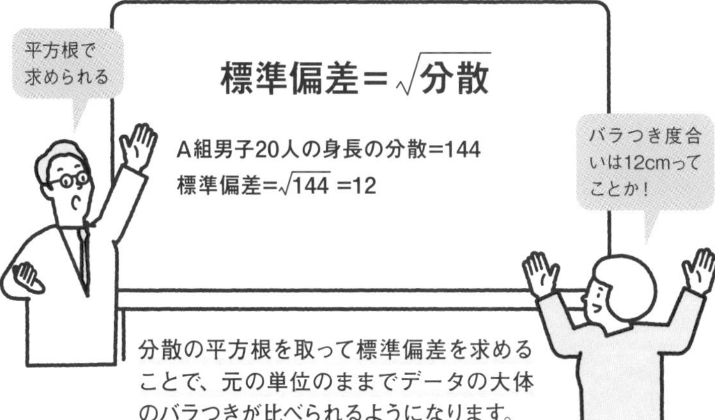
平方根で
求められる
標準偏差＝√分散
A組男子20人の身長の分散=144
標準偏差=√144 =12
バラつき度合
いは12cmって
ことか！

分散の平方根を取って標準偏差を求めることで、元の単位のままでデータの大体のバラつきが比べられるようになります。

STEP 3 ▶入試で使われる「偏差値」も求められる

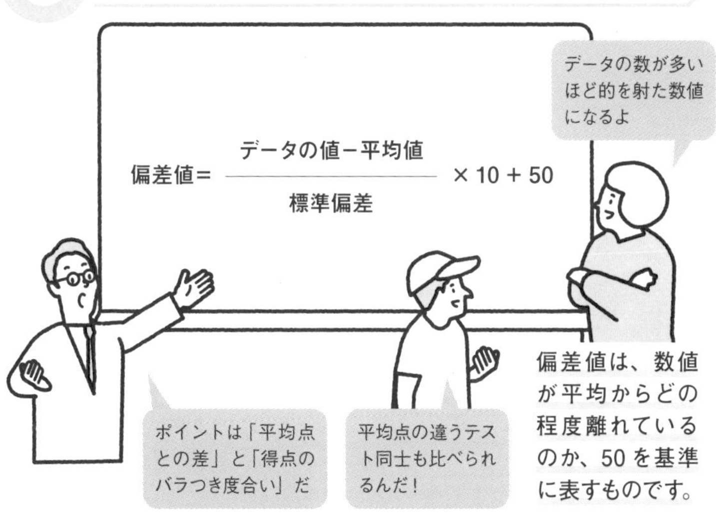
データの数が多い
ほど的を射た数値
になるよ
偏差値＝ データの値－平均値 / 標準偏差 ×10＋50
ポイントは「平均点
との差」と「得点の
バラつき度合い」だ
平均点の違うテス
ト同士も比べられ
るんだ！

偏差値は、数値が平均からどの程度離れているのか、50を基準に表すものです。

05 データが平均値の近くに集まる「正規分布」

左右対称の
つりがね型の分布

STEP 1 ▶正規分布とは？

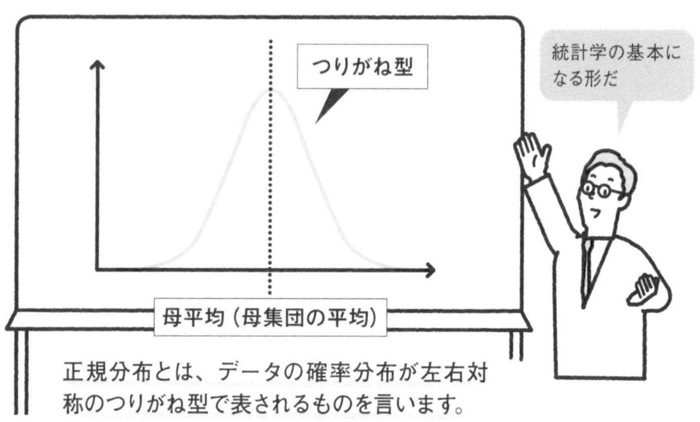
つりがね型
母平均（母集団の平均）
統計学の基本に
なる形だ

正規分布とは、データの確率分布が左右対称のつりがね型で表されるものを言います。

STEP 2 ▶標本数が多いほどつりがね型に近づく

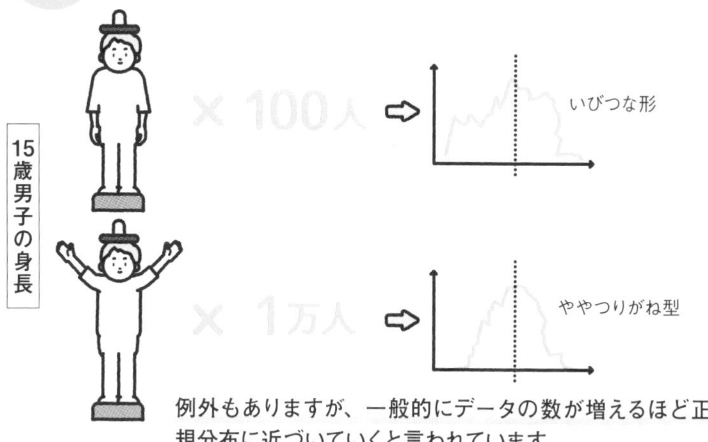
15歳男子の身長
× 100人
いびつな形
× 1万人
ややつりがね型

例外もありますが、一般的にデータの数が増えるほど正規分布に近づいていくと言われています。

STEP 3 ▶平均値を集めた分布は必ず正規分布

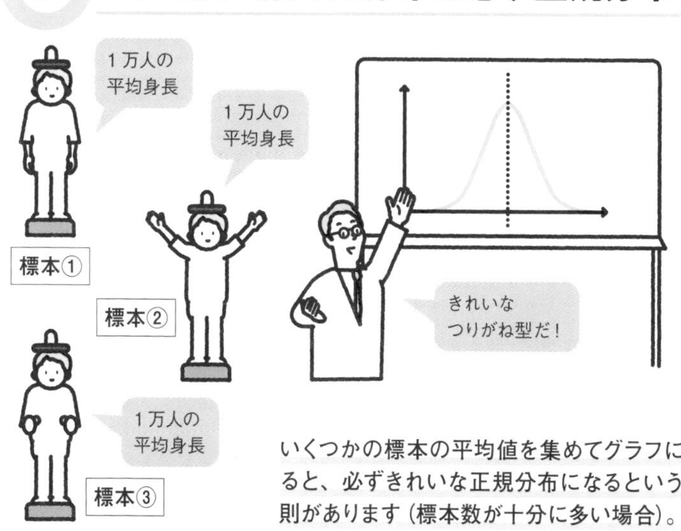
1万人の
平均身長
1万人の
平均身長
標本①
標本②
きれいな
つりがね型だ！
1万人の
平均身長
標本③

いくつかの標本の平均値を集めてグラフにすると、必ずきれいな正規分布になるという法則があります（標本数が十分に多い場合）。

06 母集団の値が収まる範囲「信頼区間」

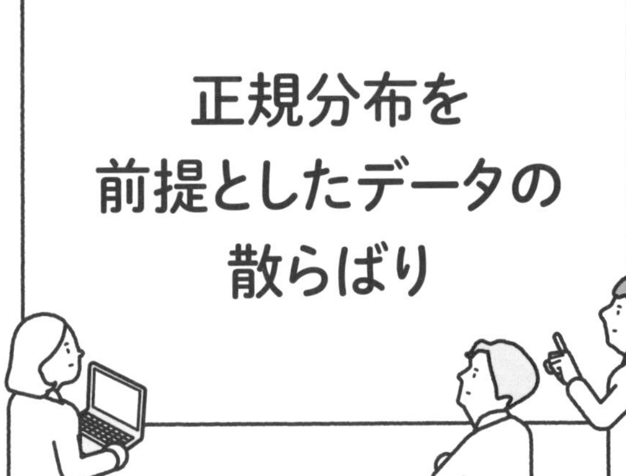
正規分布を
前提としたデータの
散らばり

STEP 1 ▶母集団の値をぴたりと当てることはできない

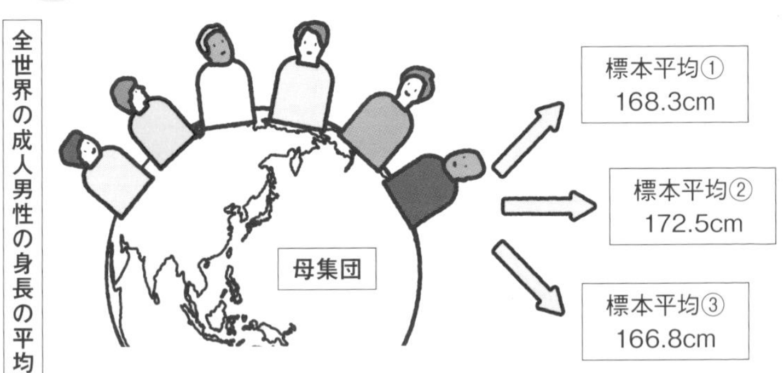
全世界の成人男性の身長の平均
母集団
標本平均①
168.3cm
標本平均②
172.5cm
標本平均③
166.8cm

母集団から抜き出した標本データを使って弾き出す値（平均値など）は標本ごとにぶれがあり、母集団の真の値と完全に一致することはありません。

STEP 2 ▶幅を持たせて推定する「区間推定」

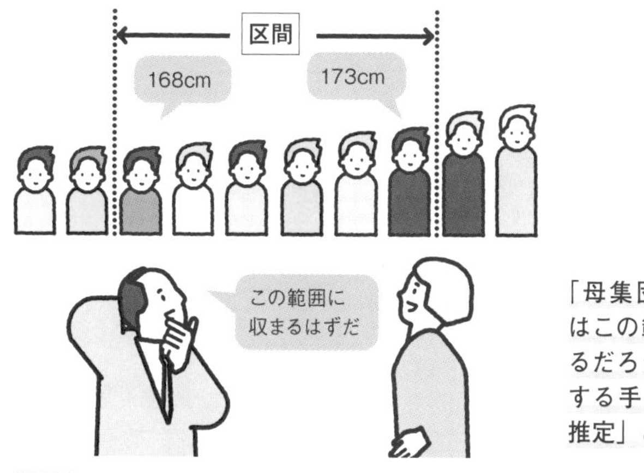
区間
168cm
173cm
この範囲に
収まるはずだ

「母集団の真の値はこの範囲内にあるだろう」と推定する手法を「区間推定」と言います。

STEP 3 ▶信頼区間=真の値が収まっていそうな範囲

真の値が収まっていると推定される区間のことを「信頼区間」と言います。「95％信頼区間」の場合、母集団の真の値が95％の割合で含まれる範囲を示します。

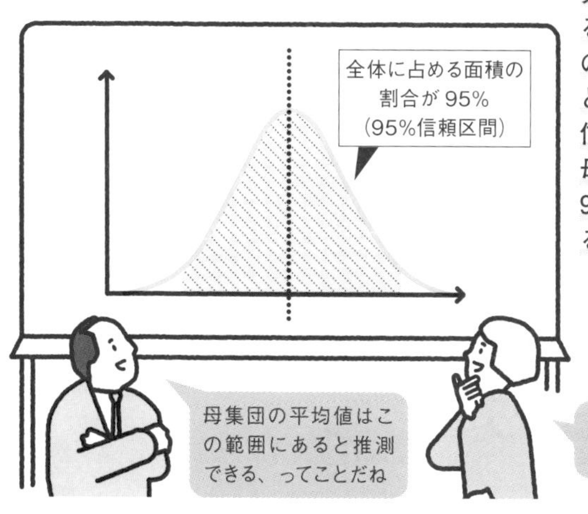
全体に占める面積の
割合が95％
（95％信頼区間）
母集団の平均値はこの範囲にあると推測できる、ってことだね
データが正規分布に従う場合ね

07 データ同士の関係の強さを示す「相関係数」

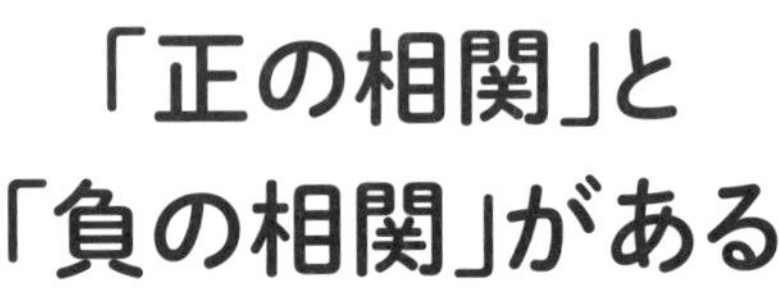
「正の相関」と
「負の相関」がある

STEP 1 ▶2つのデータの「関係性」を表す

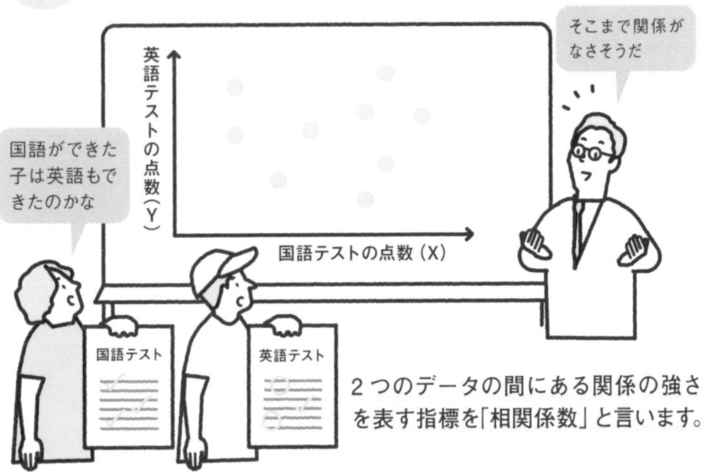
そこまで関係がなさそうだ
国語ができた子は英語もできたのかな
英語テストの点数（Y）
国語テストの点数（X）
国語テスト
英語テスト

2つのデータの間にある関係の強さを表す指標を「相関係数」と言います。

STEP 2 ▶関係性を指標化した「共分散」と「相関係数」

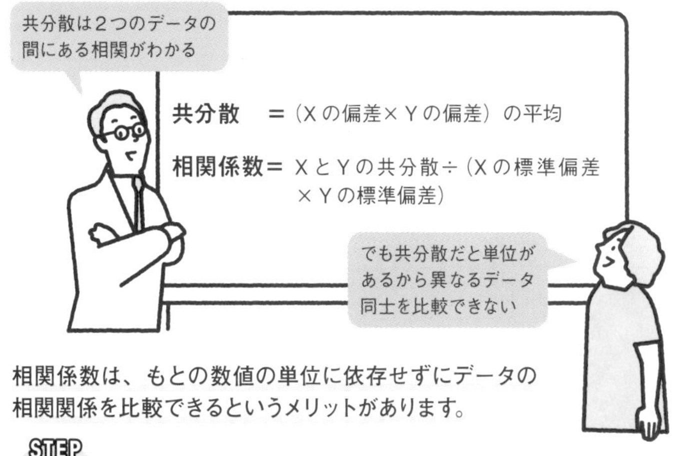
共分散は2つのデータの
間にある相関がわかる
共分散　＝（Xの偏差×Yの偏差）の平均
相関係数＝ XとYの共分散÷（Xの標準偏差
×Yの標準偏差）
でも共分散だと単位が
あるから異なるデータ
同士を比較できない

相関係数は、もとの数値の単位に依存せずにデータの相関関係を比較できるというメリットがあります。

STEP 3 ▶相関係数は－1から＋1の間に収まる

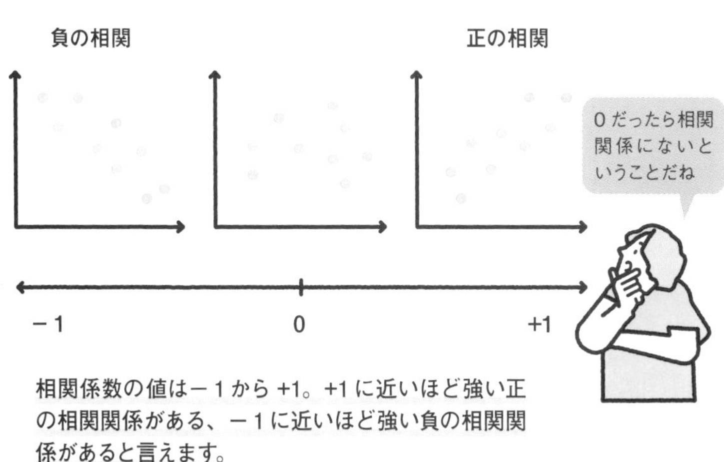
負の相関
正の相関
0だったら相関
関係にないと
いうことだね
－1
0
+1

相関係数の値は－1から +1。+1に近いほど強い正の相関関係がある、－1に近いほど強い負の相関関係があると言えます。

08 データは「21世紀の石油」

無限に増える
データと
「加工」の重要性

STEP 1 ▶データは枯渇しない資源

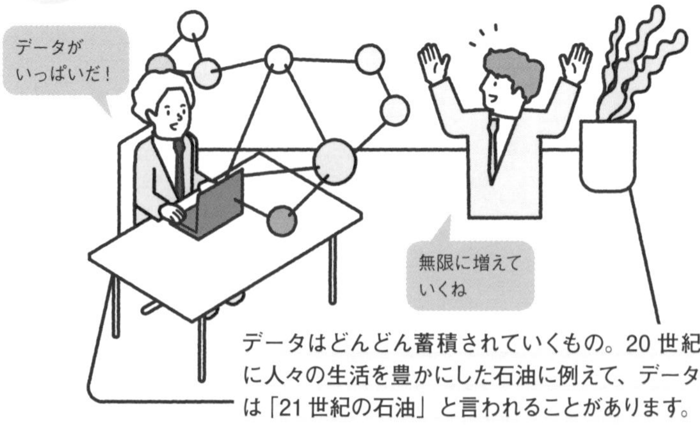
データが
いっぱいだ！
無限に増えて
いくね

データはどんどん蓄積されていくもの。20 世紀に人々の生活を豊かにした石油に例えて、データは「21 世紀の石油」と言われることがあります。

STEP 2 ▶データが「あるだけ」では意味がない

10年分のデータを
持ってきました！
データ
でもこれをどうやって
使おうか……
扱い方が
わからないな……

いくらデータをたくさん集めても、使い方がわからなければ宝の持ち腐れです。

STEP 3 ▶役立つ形に加工することが重要

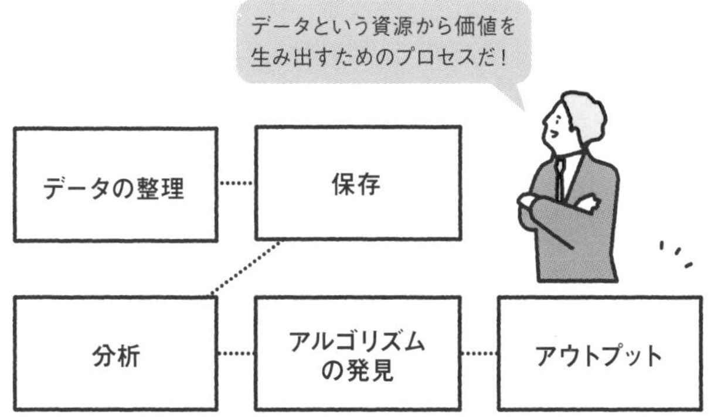
データという資源から価値を
生み出すためのプロセスだ！
データの整理
保存
分析
アルゴリズム
の発見
アウトプット

データを価値あるものにするには、ビジネスに活かせるようにしっかりと加工する必要があります。

09 数値は言葉より多くのことを語る

数値は変革のための「共通言語」

STEP 1 ▶企業の変革には「共通言語」が不可欠

今期こそ！
目標に向かって
頑張るぞ！
頑張り
ましょう！

目標達成には全員が同じ方向を向く必要があります。つまり原動力となる「共通言語」が重要です。

STEP 2 ▶数値は言葉よりも問題を共有しやすい

これが今の
数字です
Thank you
gracias
Merci

問題を伝えるときは言葉よりも数値を共有したほうが正確に伝わります。数値は世界の共通言語なのです。

STEP 3 ▶データの力で問題を解決する

DATA
言語の壁も
職種の壁も
越えられる！

1つのデータに基づいて全員がミッションを共有できれば、言語や職種の違いも乗り越えられるでしょう。

Column ②

米大統領選で起きた統計の失敗

統計の世界では、1936年のアメリカ大統領選挙での事例が「世論調査の失敗例」として知られています。

ある雑誌社Aは、200万人を対象に「ルーズベルト候補とランドン候補のどちらに投票するか」を調査した結果をもとに、ランドン候補が57%の得票で当選することを予想しました。一方で、ある調査会社Bは3000人という少ない回答者からの調査をもとに、ルーズベルト候補が55.7%の得票率で当選することを予想しました。

標本数の圧倒的な違いから、多くの人がA社の調査の結果を支持しましたが、選挙の結果はルーズベルト候補の圧勝だったのです。

A社は標本数こそ多かったものの、自社の雑誌の購読者と、自動車や電話を持つ人の名簿から調査を行ったため、標本の抽出方法に偏りが出てしまい、予測を誤ったと言われています。

Chapter

3

ビジネスに活かす統計学とデータ分析

統計学の考え方やデータ分析の手法がどのようにビジネスに活用されているのか、イメージを見ながらチェックしていきましょう。

01 関係性を読み解き未来予測に活かす「回帰分析」

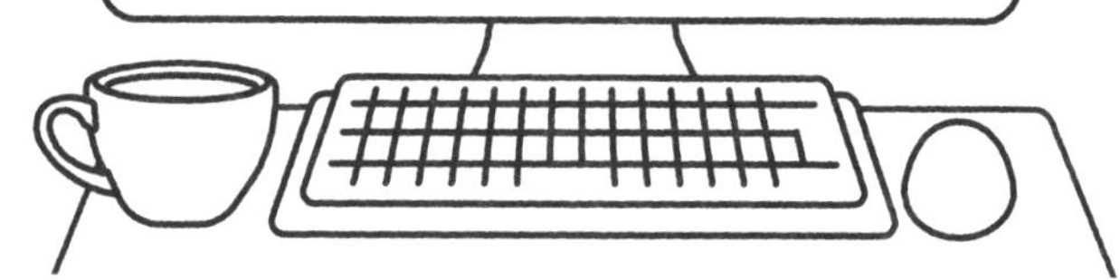

データ同士の
関係性の強弱を
数式で表す

STEP 1 ▸2つの項目の関係性を分析する

夏の暑さとアイスの売上の関係を知りたいなあ
回帰分析を使いましょう

回帰分析は、原因のデータと結果のデータの関係性を分析する手法です。回帰とは「平均への回帰」という意味です。

STEP 2 ▸平均的な値を示す回帰直線

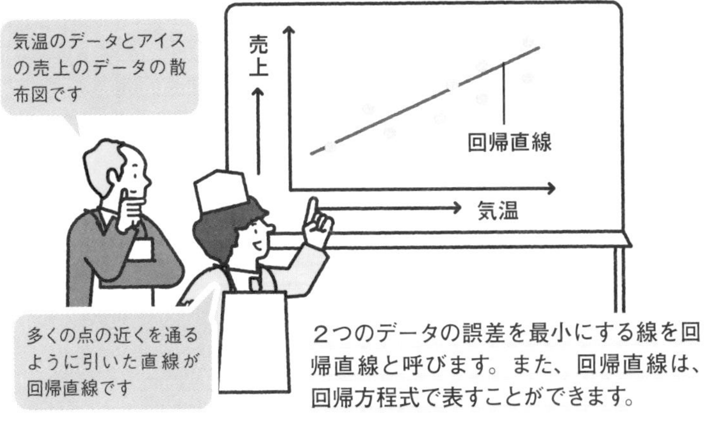
気温のデータとアイスの売上のデータの散布図です
売上
回帰直線
気温
多くの点の近くを通るように引いた直線が回帰直線です

２つのデータの誤差を最小にする線を回帰直線と呼びます。また、回帰直線は、回帰方程式で表すことができます。

STEP 3 ▸回帰方程式で未来を推測できる

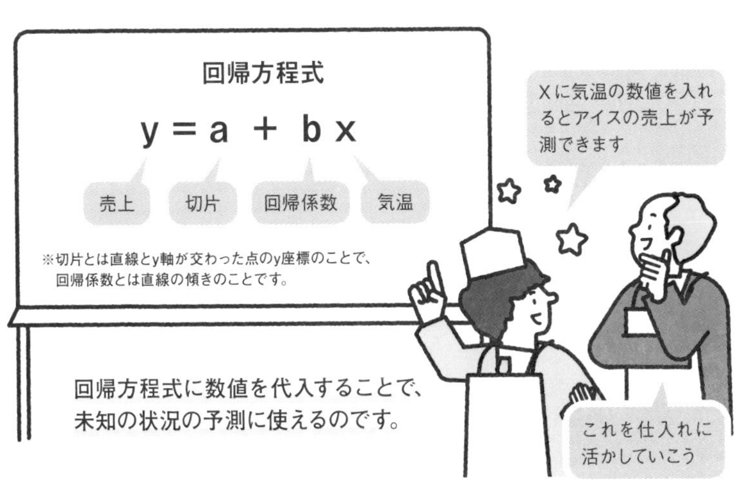
回帰方程式
y＝a ＋ bx
売上
切片
回帰係数
気温
※切片とは直線とy軸が交わった点のy座標のことで、回帰係数とは直線の傾きのことです。
Xに気温の数値を入れるとアイスの売上が予測できます
これを仕入れに活かしていこう

回帰方程式に数値を代入することで、未知の状況の予測に使えるのです。

02 データの構造をツリー状に整理する「決定木」

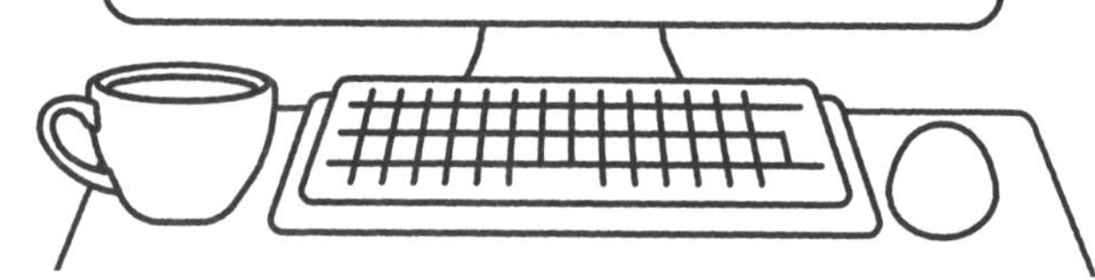
データを視覚的に
把握できる

STEP 1 ▶結果に影響を与える要素を見つけ出す

我々のサービスを
継続する人は何が
決め手なんだろう?
もう解約
しよう
継続
するぞ
結果に影響を与える
要素を明らかにしま
しょう

結果（目的変数）に影響を与える要素（説明変数）を見つけ出して分類する手法の１つに「決定木」があります。

STEP 2 ▶ツリー構造で説明変数を視覚化する

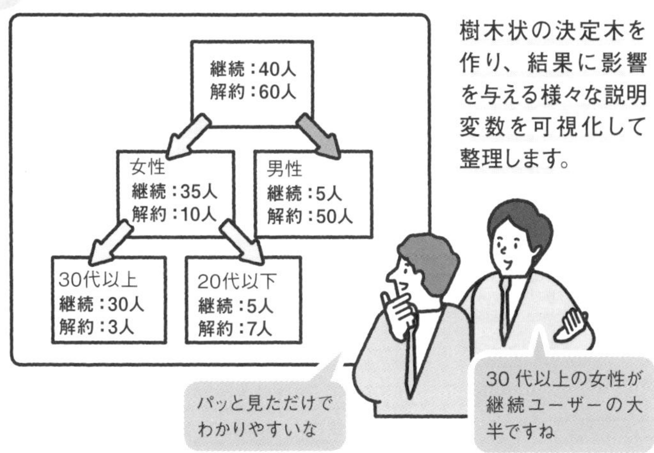
継続：40人
解約：60人
女性
継続：35人
解約：10人
男性
継続：5人
解約：50人
30代以上
継続：30人
解約：3人
20代以下
継続：5人
解約：7人
パッと見ただけでわかりやすいな
30代以上の女性が継続ユーザーの大半ですね

樹木状の決定木を作り、結果に影響を与える様々な説明変数を可視化して整理します。

STEP 3 ▶複数回行うことで精度が高まる

精度アップのために、複数回やってみましょう
30代の女性へのアプローチを強化しよう

決定木分析は1回だけだと誤差が生じることがあります。複数回行うことで（アンサンブル学習と言います）、精度を高めることができます。

03 類似するデータをグループ分けする「クラスタリング」

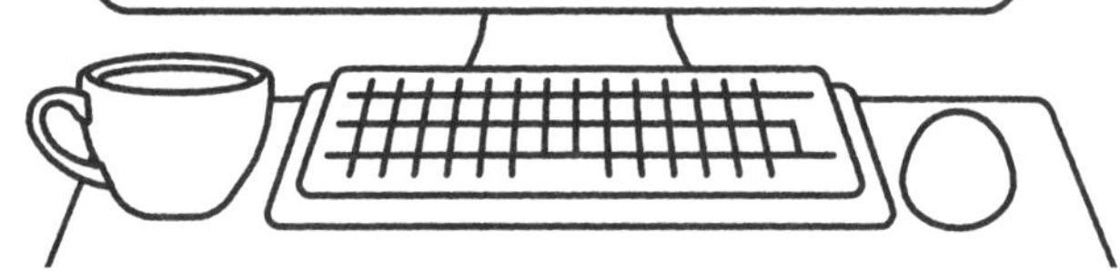

データのかたまりを
見つけ出す

STEP 1 ▶近いデータをひとまとめにする

クラスタリングでは、たくさんのデータを似たもの同士でグループ分けして分析します。

うちの店を使う学生さんはどういうタイプが多いんだろう？

STEP 2 ▶ たくさんのデータからパターンが見つかる

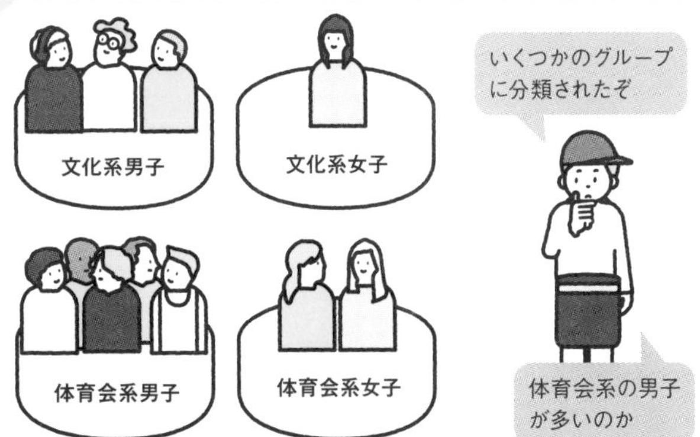
文化系男子
文化系女子
体育会系男子
体育会系女子
いくつかのグループに分類されたぞ
体育会系の男子が多いのか

データがグループ分けできるので、例えば顧客をセグメント化しマーケティングに活かすことなどができます。

STEP 3 ▶ 分類を踏まえたアクションを起こす

データをグループ分けし、グループごとの性質が判明すれば、最適なアクションを起こすことができます。

体育会系男子向けメニューをさらに充実させよう
女性顧客には女性向けの情報を発信しよう

04 たくさんの要素から新しい変数を作る「主成分分析」

変数の数を
削減できる

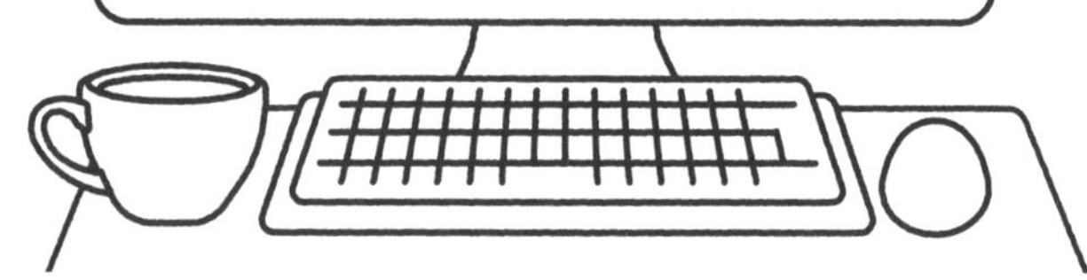

STEP 1 ▶ 変数が多すぎると分析しにくい

結果に影響を与える要素（説明変数）が多いときは、説明変数をまとめる主成分分析が有効です。

僕は国語が
一番得意です

私は英語が
一番得意です

私は数学が
一番得意です

僕も数学

私は日本史
かな

僕は国語と
英語

私が得意
なのは化学

僕は物理と
化学

うまく分析
できるかな
……

STEP 2 ▶ 新しい変数を作ってまとめる

文系
理系
「文系」と「理系」に
分ければいいのか
「文系科目」が得意
な生徒はこっち
「理系科目」が得意
な生徒はこっち

元のデータの特徴を損なわないよう、変数をまとめます。まとめたデータのことを主成分と呼びます。

STEP 3 ▶ 変数を減らせばデータが理解しやすくなる

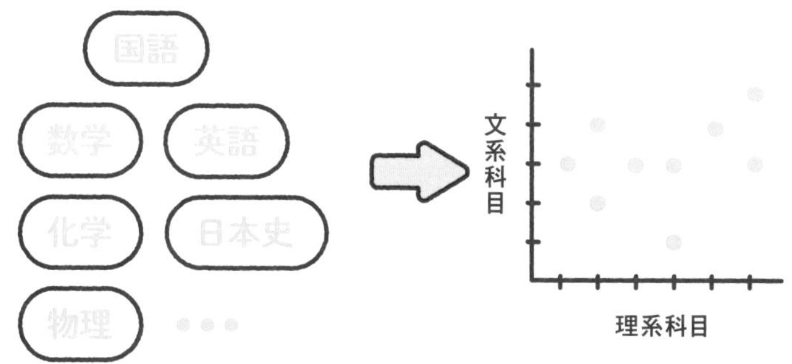
国語
数学
英語
化学
日本史
物理
文系科目
理系科目

変数を 3 次元以下に削減することができれば、
データが可視化しやすくなります。

05 マイクロソフトを成功に導いた「ベイズ統計」

データを違う
視点から見てみる

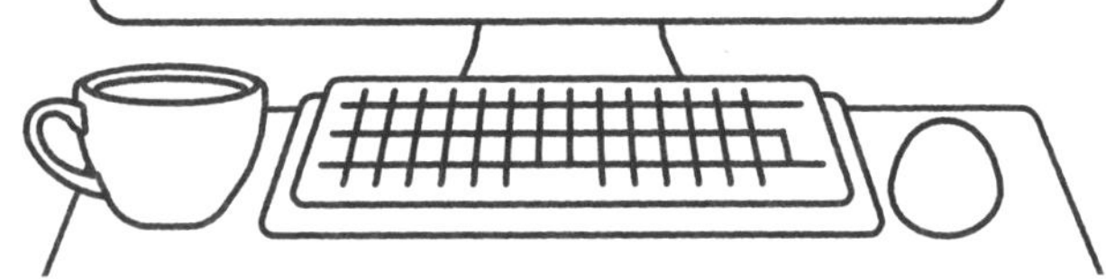

STEP 1 ▸「無料」の表記と迷惑メールの関係は？

マイクロソフトが強いのは、ベイズ統計のおかげだ

迷惑メールは文中に「無料」という単語がたくさん出てくるぞ

「無料」の出現率を調べれば迷惑メールと判断できるのでは？

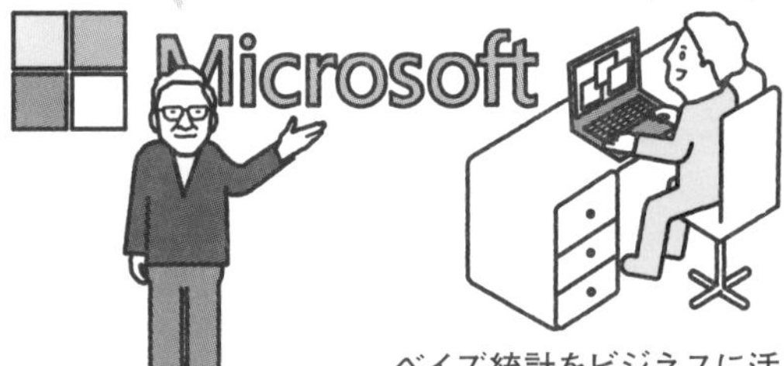
Microsoft

ベイズ統計をビジネスに活用した有名な例として、迷惑メールの判定があります。

STEP 2 ▶ "迷惑メールのうち"無料の表記は30%

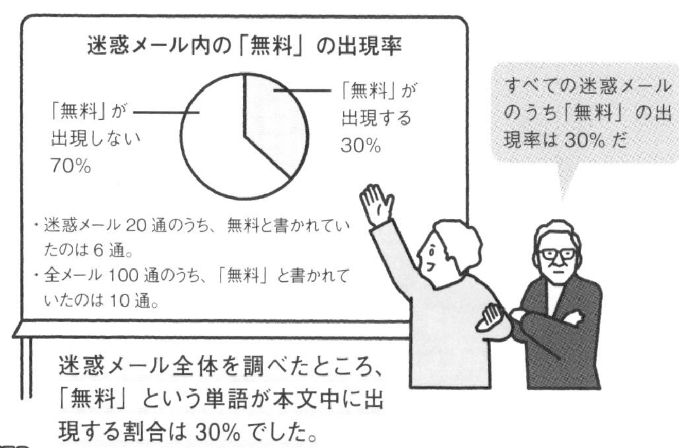
迷惑メール内の「無料」の出現率
「無料」が出現しない 70%
「無料」が出現する 30%
・迷惑メール 20 通のうち、無料と書かれていたのは 6 通。
・全メール 100 通のうち、「無料」と書かれていたのは 10 通。
すべての迷惑メールのうち「無料」の出現率は 30% だ

迷惑メール全体を調べたところ、「無料」という単語が本文中に出現する割合は 30% でした。

STEP 3 ▶ "無料の表記のうち"迷惑メールは60%

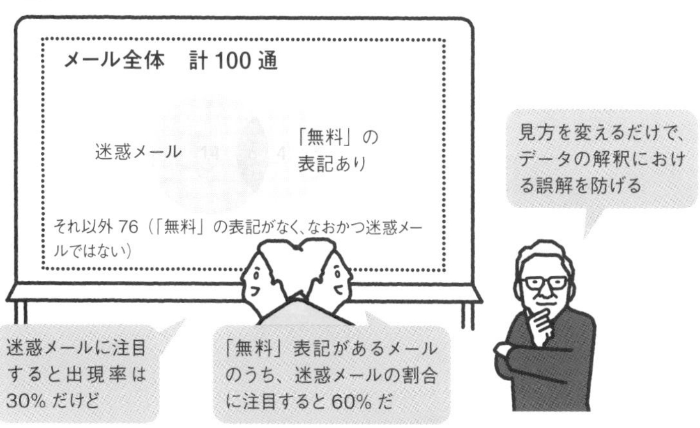
メール全体　計 100 通
迷惑メール
「無料」の表記あり
それ以外 76（「無料」の表記がなく、なおかつ迷惑メールではない）
見方を変えるだけで、データの解釈における誤解を防げる
迷惑メールに注目すると出現率は 30% だけど
「無料」表記があるメールのうち、迷惑メールの割合に注目すると 60% だ

通常のメールも含め「無料」の表記が出現するすべてのメールのうち、60% が迷惑メールだと判断できます。

06 ベイズの定理で直感が覆る「モンティ・ホール問題」

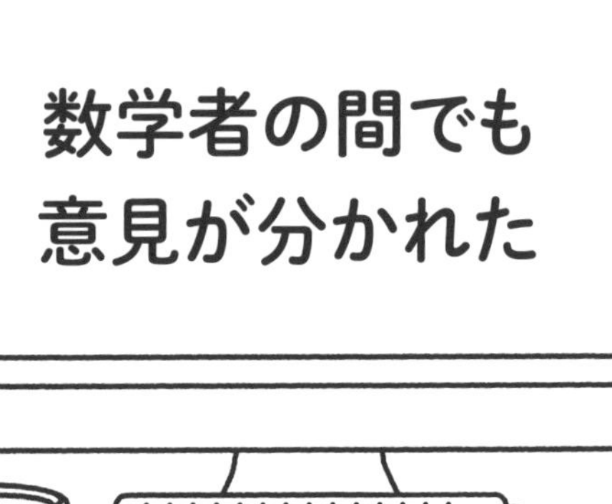
数学者の間でも
意見が分かれた

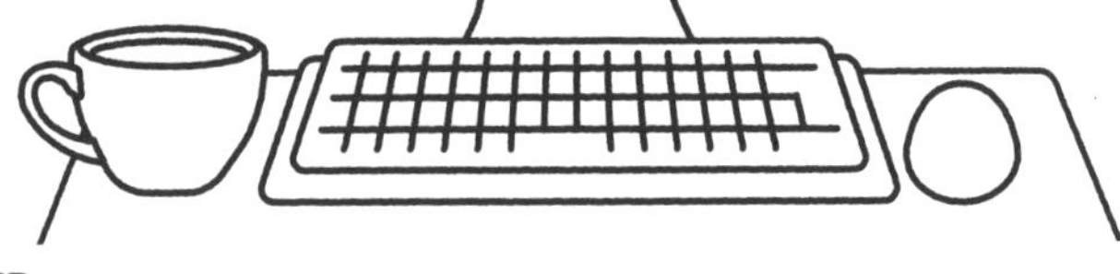

STEP 1 ▶テレビ番組で出題されたある問題

A
B
C
3つの扉のうち、どれか1つにプレゼントが用意されています
じゃあA！

モンティ・ホール氏が司会を務めたアメリカのテレビ番組で出された問題が、ベイズの定理を説明するよい例題だと言われています。

STEP 2 ▶どちらの扉を選んだほうがいいのか？

ちなみにBの扉はハズレです
先ほど選んだAの扉のままにしますか？　それともCを選びますか？
変えても変えなくても、確率は五分五分だよな……？

扉を選び直すべきか、そうでないか、数学者の間でも意見が分かれ大きな議論を呼びました。

STEP 3 ▶実は別の扉を選ぶほうがいい

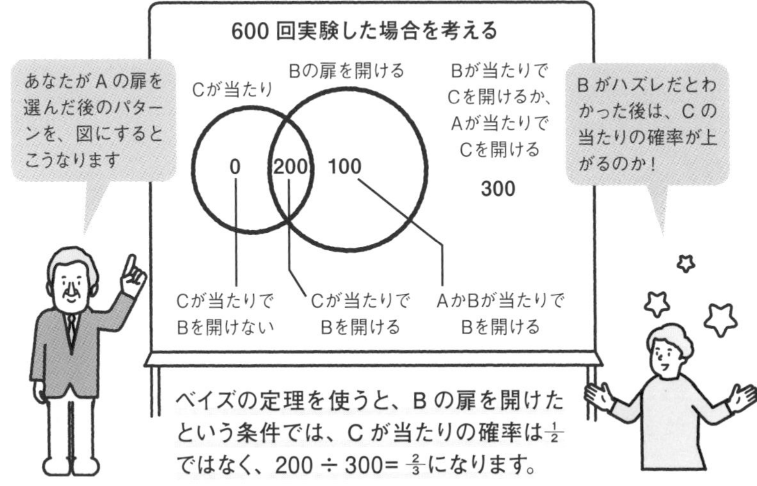
600回実験した場合を考える
Cが当たり
Bの扉を開ける
Bが当たりでCを開けるか、Aが当たりでCを開ける
300
0
200
100
Cが当たりでBを開けない
Cが当たりでBを開ける
AかBが当たりでBを開ける
あなたがAの扉を選んだ後のパターンを、図にするとこうなります
Bがハズレだとわかった後は、Cの当たりの確率が上がるのか！
ベイズの定理を使うと、Bの扉を開けたという条件では、Cが当たりの確率は$\frac{1}{2}$ではなく、200÷300=$\frac{2}{3}$になります。

07 原因と結果を統計的に推定する「因果推論」

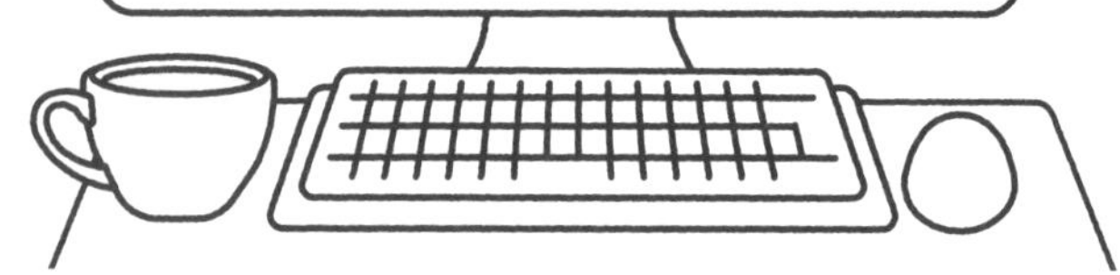
ノーベル
経済学賞を受賞し
注目された手法

STEP 1 ▶因果関係があるかどうかを調べる

貧困問題を
研究しています
その研究に因果
推論を取り入れ
ました
2019年のノーベ
ル経済学賞を受賞
しました
アビジット・
バナジー
エステル・
デュフロ
マイケル・
クレーマー

入力データ(インプット)と出力データ(アウトプット)の関係を推定するのが、因果推論です。

STEP 2 ▶原因がなかったケースと比較する

この薬を飲んだら痩せました
私は薬を飲んでいません
「薬」と「痩せたこと」の因果関係がわからないから、飲まなかった人も調べよう

例えば薬なら、飲んだ人と飲まなかった人の状態を比較して、その薬の効果を調べます。

STEP 3 ▶マーケティングに応用できる

広告の効果を因果推論で調べよう
広告を見たけど商品は買いませんでした
広告は見ていないけど商品を買いました
広告を見て商品を買いました

因果推論は、広告効果の推計など、マーケティングの分野にも応用されています。

08 データ分析を自動化した「機械学習」

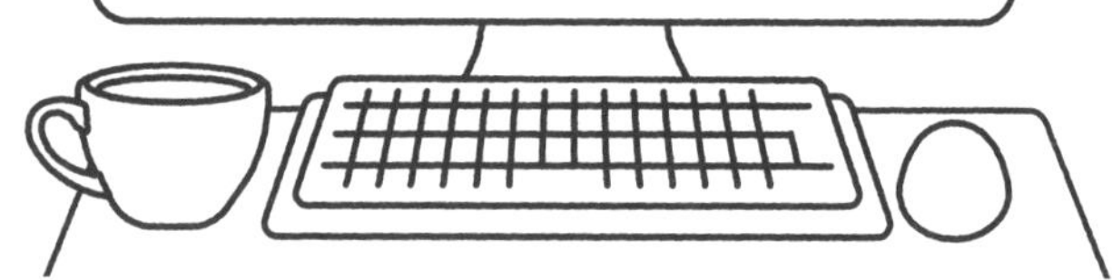
機械学習の種類は
大きく3つに
分けられる

STEP 1 ▶ 正解をセットで教える「教師あり学習」

これは
猫だよ
これは犬
ほうほう
天候の予測や画像の判定
などに活用されています
CAT
DOG
AI

機械学習の1つの手法が、「教師あり学習」。入力データと出力データをセットで学習させます。

STEP 2 ▶入力データのみを与える「教師なし学習」

似ているデータ
をグループ分け
してみよう
どうぞ
AI
教師なし学習は購買
データのクラスタリン
グなどに活用できます

2つ目の「教師なし学習」は、膨大なデータからその背景にあるパターンを見つけ出すことなどができます。

STEP 3 ▶システム自身が試行錯誤する「強化学習」

AI
ゲームのルール
だけ教えるから
試行錯誤して
強くなってね

3つ目の「強化学習」は、データを与えずに、システム自身が試行錯誤しながら学習します。将棋 AI などに活用されています。

09 分析精度が向上した「ディープラーニング」

たくさんの層を
重ねて細かい
判断を行う

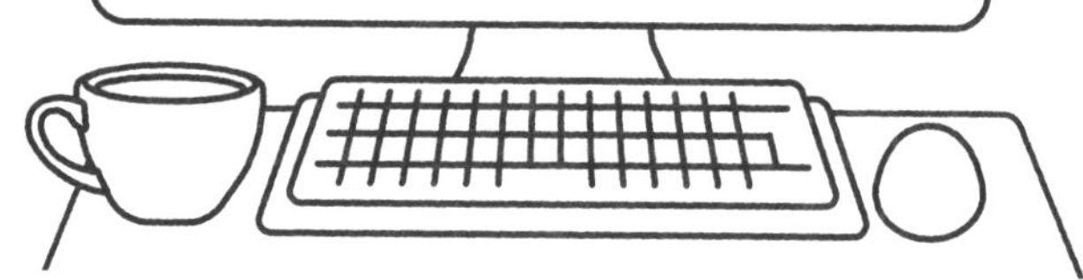

STEP 1 ▶ 中間層がディープラーニングの特徴

入力データと出力データの間を多層化して学習する仕組みが、ディープラーニングです。

入力データと出力データの関係性を直接分析するのが、一般的なデータ分析です

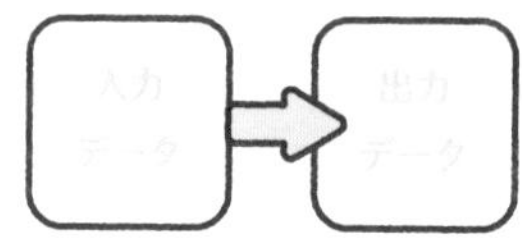
入力
データ
出力
データ

多層化した中間層で分析の精度を高めています

入力層　中間層　出力層

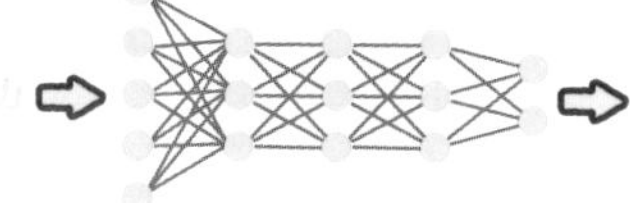
入力
出力

STEP 2 ▶ 複雑な情報に対応できる

多層化によってそれぞれの層に細かく役割を与えることができ、複雑な判断が可能になりました。

トマトでもみかんでもなく、リンゴです！

これは何の画像でしょう？

AI

色を判断する層

形を判断する層

STEP 3 ▶ 画像認識などで活用されている

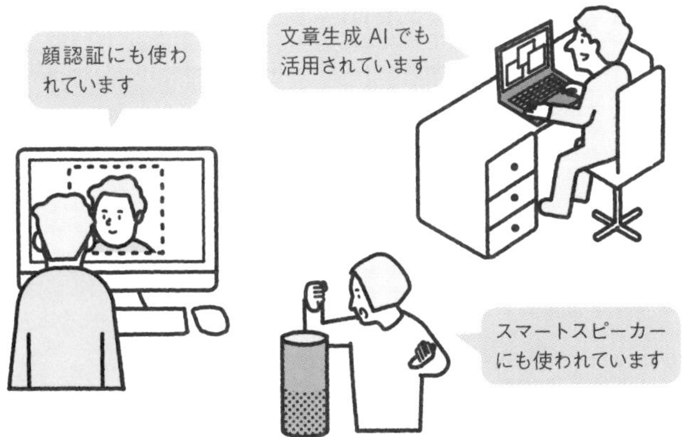
顔認証にも使われています
文章生成 AI でも活用されています
スマートスピーカーにも使われています

ディープラーニングは、画像認識、音声認識、自然言語処理などの飛躍的な精度向上に貢献しました。

10 ChatGPTにも活かされる統計のしくみ

「次に来そうなワード」をつなぎ合わせる

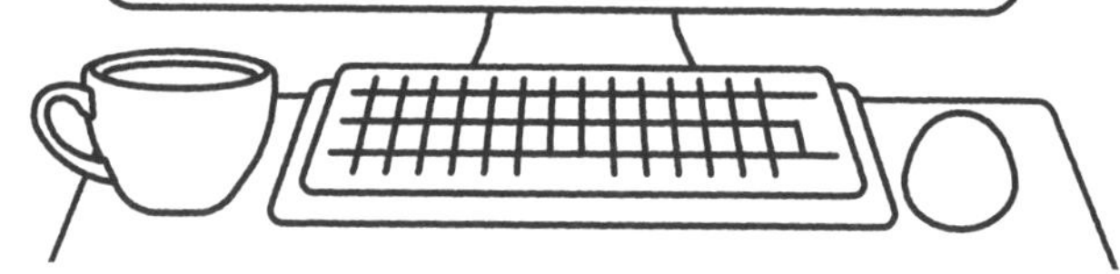

STEP 1 ▶ 人間のように言語を使いこなすChatGPT

人間が返してきているんじゃないか!?
AIの進化はここまで来たのね

文章生成AIのChatGPTは、まるで人間とやりとりしているかのように、自然に言語を扱っています。

STEP 2 ▶ 次に来る可能性が高い単語を選ぶ

ある単語の次に来る可能性が高い単語を確率的に選んで、自然な文章を紡いでいます。

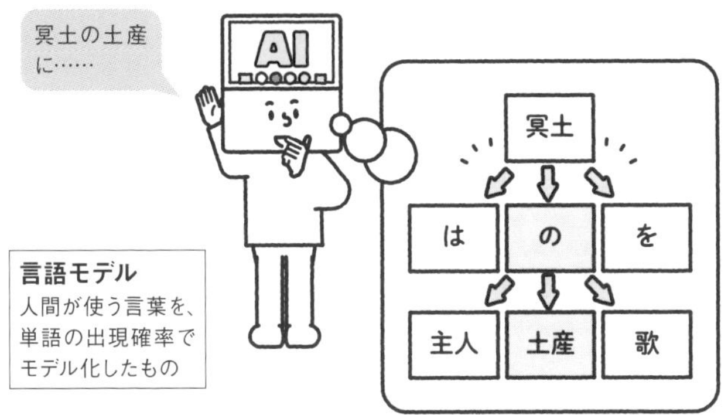
冥土の土産
に……
AI
冥土
は
の
を
主人
土産
歌

言語モデル
人間が使う言葉を、単語の出現確率でモデル化したもの

STEP 3 ▶ 文章の生成、翻訳などで活用

AI
AI

精度を上げたAIは、文章の生成、文章の要約、翻訳などに活用されています。

11 最新のAIを支える「大規模言語モデル」

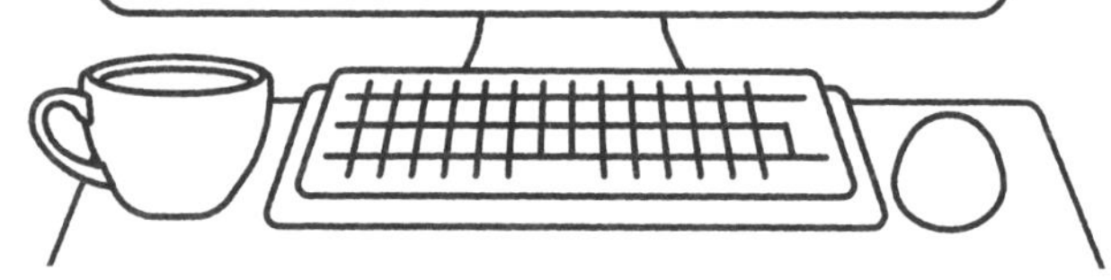
「計算量」「データ量」
「パラメータ数」が
大規模化した

STEP 1 ▶ 流暢な会話の秘密は「大規模言語モデル」

AI

最新の文章生成 AI が違和感のない文章を生み出せるのは、膨大なデータで学習した大規模言語モデルのおかげです。

STEP 2 ▶どんどん高まる計算量とデータ量

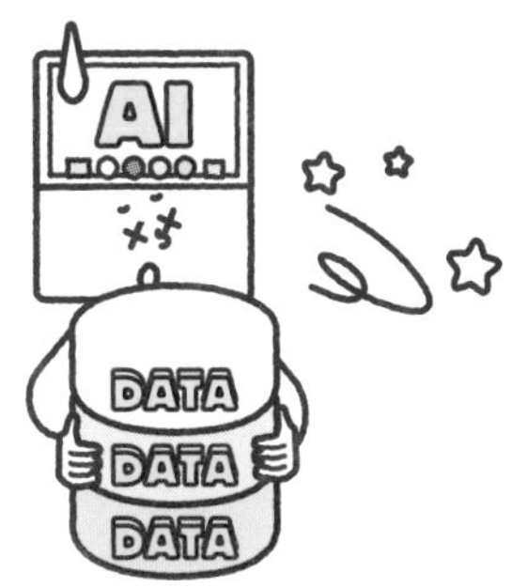
AI
DATA
DATA
DATA

大規模言語モデルは、コンピュータが処理する計算量、文章データの情報量が大規模化しています。

STEP 3 ▶パラメータ数も大規模化している

私のパラメータ数は
1000億です
僕のパラメータ数は
2000億です
私のパラメータ数は
3500億です
CのAIが一番
高性能っぽいぞ
A
B
C

大規模言語モデルでは、パラメータ数（確率計算のための係数の集合体で、性能を表わす１つの指標）も大規模化しています。

Column ③

2012年に火が付いたディープラーニング

人工知能の分野に大きなインパクトを与えたディープラーニングが注目され始めたのは、2012年ごろだと言われています。

2012年に行われたコンピュータによる画像認識の正確さを競う大会で、初めてディープラーニングの技術を使ったチームが現れ、見事優勝を果たしました。他のチームが26%程度のエラー率を出す中、このチームは16%程度に抑えたことが大きな話題を呼んだのです。

また、同じ年にGoogleが「ディープラーニングの技術を用いたAIが自動で猫を認識できるようになった」ことを発表し、世界を驚かせました。2012年はまさに、AIの歴史が大きく動いた年だと言えるでしょう。

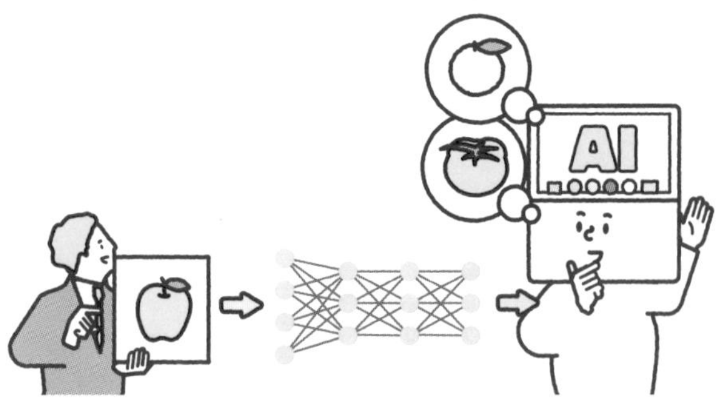
AI

Chapter

4

急速に注目が集まった データサイエンス

AIの躍進もあって大きな注目が集まるデータサイエンスの現場、そこで活躍するデータサイエンティストのスキルをチェックしてみましょう。

01 「客観的に事実をとらえる」のがデータサイエンスの基本

データを使って
思い込みを捨て去る

STEP 1 ▶ 客観的にとらえることが基本

データサイエンスの基本は「データをもとに客観的にものを見る」ことです
数学は苦手で……
私は文系だからデータサイエンスと言われても……
難しく考えないでください

高度な専門知識よりも「データを使って物事を正しく客観的にとらえる」というデータサイエンスの基本を押さえておくことが大切です。

STEP 2 ▸思い込みで判断してはいけない

女性はこってり系のメニューは食べないでしょ
男の子に可愛いキャラはウケないでしょ
若者はパソコンに強いんでしょ?
データを調べてみないと事実はわからないぞ

思い込みで判断することをやめ、データによるファクト(事実)を重視することが重要です。

STEP 3 ▸データの内訳にも着目する必要がある

正しい事実を知るためには、データの内訳まで精査することが重要です。

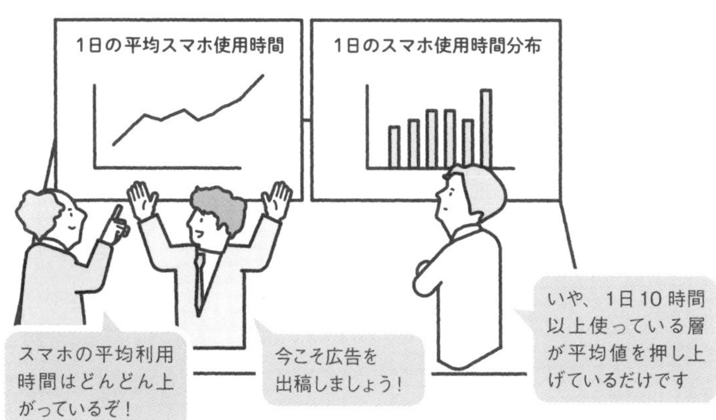
1日の平均スマホ使用時間
1日のスマホ使用時間分布
スマホの平均利用時間はどんどん上がっているぞ!
今こそ広告を出稿しましょう!
いや、1日10時間以上使っている層が平均値を押し上げているだけです

02 コロナ禍で認識が広がったデータサイエンスの重要性

意思決定の根拠が
「経験」から
「データ」に変化した

STEP 1 ▶これまでは経験をベースに判断していた

従来のように経験に基づいた判断では、未知の事態に対応できません。

私の経験から言って新商品の販売個数はこのぐらいが妥当だろう
さすが社長
おっしゃる通りです

STEP 2 ▸ 感染者数をアルゴリズムで予測

私の開発した数理モデルで感染者数を予測します
未知の事態だから経験では判断できない
データを使って予測するのは説得力があるな

コロナ禍において、北海道大学（当時）の西浦博教授は、自身が開発した「西浦モデル」で感染者数を予測しました。

STEP 3 ▸ データで考える重要性が国民に知れ渡った

コロナ禍は、日本国民がデータサイエンスの重要性に気付く１つのきっかけになったのです。

私のこれまでの経験から言うと……
経験だけでなくデータにも着目しましょう！

03 データサイエンティストとは何か?

データを使って
ビジネスを
変革する人

STEP 1 ▶4つ目の経営資源=データ

モノ
カネ
ヒト
データ（情報）

企業が扱うデータ（情報）の量が格段に増え「ヒト」「モノ」「カネ」に次ぐ重要な経営資源となりました。

STEP 2 ▸どんどん高まるデータの重要性

ビッグデータは揃ったが、どう活用すればいいのか…
顧客データ
DATA
DATA
DATA
データを整理・分析できる専門家が必要ですね

大量のデータ（ビッグデータ）を有効活用すれば、企業は効果的な戦略が立てられることから、経営資源の中でもデータの地位が上がっています。

STEP 3 ▸データの力でビジネスを変える

データを活用して新しい付加価値を生み出し、ビジネスを変革するのが、データサイエンティストの仕事です。

顧客データ
DATA
DATA
DATA
ぜひお願いします！
このデータを使えば、長年の人材不足を解決できるかもしれません
なるほど

04 データサイエンティストに求められる「数値感覚」

データの背後に
隠れた情報を
読み解く

STEP 1 ▸ 数学の知識は基礎的なものでOK

数学は専門外
なんです……
基礎的な知識があれば
最初は大丈夫ですよ

データサイエンティストは数字を扱いますが、高度な専門的知識は必要なく、基礎的な数学の知識があれば十分です。

STEP 2 ▶数値感覚でデータの隠れた特徴を発見

うちのスイカは平均5kgもあるよ
大きさに極端なバラツキがあるから平均値に意味はないな

データサイエンティストに必要なのは、データの表面には出ていない特徴を見つけ出す「数値感覚」です。

STEP 3 ▶数値感覚は経験を積めば身につく

数値感覚は、たくさんのデータを分析する経験を積み重ねていくことで、身につけることができます。

怪しいってどういうことだろう……
怪しいぞ、これは前にも見たパターンだ

05 データはきれいに数値化されたものだけではない

メールの文章や
電話の話し声も
データ

STEP 1 ▶テキスト、音声、画像なども分析対象

データサイエンティストが扱うデータは数値以外にも、テキスト、音声、画像、動画などもあります。

はいコール
センターです
使い方がよくわからない
んですけど
数値になっていない
データもいっぱいあ
るぞ……

STEP 2 ▶IoTで「非構造化データ」が大量に集まる

私は音声データが専門のデータサイエンティストです
IoTで数値以外のデータも増えました

数値化してまとめられていないデータを「非構造化データ」と言います。IoT（モノのインターネット）の広がりなどによって、大量に取得できるようになりました。

STEP 3 ▶どのように分析するかを知っておく

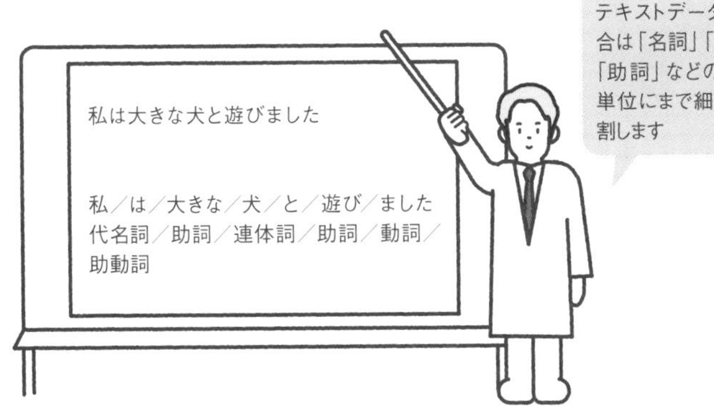
テキストデータの場合は「名詞」「動詞」「助詞」などの品詞単位にまで細かく分割します
私は大きな犬と遊びました
私／は／大きな／犬／と／遊び／ました
代名詞／助詞／連体詞／助詞／動詞／助動詞

これからのデータサイエンティストは、非構造化データの特性や、どうやってそれを分析可能な状態に変換するかといった知識を持っておく必要があります。

06 AIの弱点をサポートするデータサイエンティスト

入力データの整理や
出力データの精査

STEP 1 ▶AIだけで機械学習をするのは難しい

君一人で学習
できるよね
AI
自習

AIは自動で機械学習を行いますが、最初から最後までAIに丸投げ、というわけにはいきません。

STEP 2 ▶ そのままだとAIはデータを分析できない

データの種類も形式も
バラバラで学習できない！
AI
DATA
DATA
DATA

機械学習のもとになるデータはあまりにも雑多で、そのままでは AI が分析に使うことは不可能です。

STEP 3 ▶ 機械学習をサポートするデータサイエンティスト

AIが扱えるように
データを整えている
るよ
わーい！
AI
DATA

AI が分析できるようにデータを定型化することも、データサイエンティストの仕事です。

07 データサイエンティストに必要な3つの能力

最も重要なのは
「ビジネス力」

STEP 1 ▶ビジネス課題を整理・解決する力

人材不足で
困っているんです
データの力で解決した
事例があるので、やっ
てみましょう

データサイエンティストに必要な３つの能力のうち、最も重要なのが、ビジネス課題を整理し解決する「ビジネス力」です。

STEP 2 ▶情報科学系の知識を理解して使う力

AI
統計学
人工知能

2つ目の能力は、情報処理や人工知能、統計学などの知識を理解し、使う力である「データサイエンス力」です。

STEP 3 ▶データサイエンスを実装・運用する力

コンピュータでデータ分析ツールを操作する能力のことです

3つ目の能力は、データサイエンスを意味ある形にして実装・運用する「データエンジニアリング力」です。

08 データサイエンティスト検定

3つの能力を
バランスよく
把握できる

STEP 1 ▶ データサイエンティスト協会による検定

2013年に発足した
団体です
データサイエンティスト
検定を行います
データサイエンティスト協会

2021年9月、データサイエンティスト協会が、データサイエンティスト検定をスタートさせました。

STEP 2 ▶3つの能力を証明できる

データをビジネスに
活かす力を試験します
ビジネス力

データ分析に必要な
サイエンス分野の知
識を試験します
データ
サイエンス力

データの加工・処理
に必要なエンジニア
リング分野の知識を
試験します
データ
エンジニア
リング力

78～79ページで紹介した、データサイエンティストが必要とする3つの能力が測れる試験です。

STEP 3 ▶リテラシーレベルに必要な能力を検定する

この検定では、4
段階のスキルレベ
ルを測ります

スキルレベル表

スキルレベル	目安	対応する業務範囲
シニア データ サイエンティスト	業界を代表する レベル	・産業領域全体 ・複合的な事業全体
フル データ サイエンティスト	棟梁レベル	・対象組織全体
アソシエート データサイエンティスト	独り立ちレベル	・担当プロジェクト全体 ・担当サービス全体
アシスタント データサイエンティスト	見習いレベル	・プロジェクトの 担当テーマ

※一般社団法人データサイエンティスト協会の公式サイトより

データサイエンティスト協会は、スキルレベルとして「見習いレベル」から「業界を代表するレベル」の4段階を設定しています。

09 データサイエンス力を試す「統計検定」

データ
サイエンティストの
登竜門

STEP 1 ▶データサイエンスに資格は必要ない？

医師国家試験に合格しました
司法試験に合格しました
データサイエンティストですが、特に資格は持っておりません

医師や弁護士などと違って、データサイエンティストになるために必須の資格というものは存在しません。

STEP 2 ▸基礎的なスキルが試される「統計検定2級」

2級の試験内容
①現状についての問題の発見、その解決のためのデータの収集
②仮説の構築と検証を行える統計力
③新知見獲得の契機を見出すという統計的問題解決力
※統計検定公式サイトより
統計学の知識と能力を測れるのか
目標だった2級に合格したぞ！

データサイエンティストに必要な力を示せる試験の１つが「統計検定」です。２級は、データサイエンティストの登竜門と言えます。

STEP 3 ▸IT能力を示せる「情報処理技術者試験」

「情報処理技術者試験」として括られた、複数の試験があるんだ
ITパスポート試験
情報セキュリティマネジメント試験
基本情報技術者試験
プロジェクトマネージャ試験
ネットワークスペシャリスト試験
…
中でも「基本情報技術者試験」は、データサイエンティストと親和性が高いよ

基本情報技術者試験は、ITの基礎的なスキルをバランスよくカバーしていることを示すことができます。

10 AI時代の基本知識「G検定」

データサイエンスの
根幹技術をカバー

STEP 1 ▶保有率ナンバー1の資格

私もＧ検定を
持っています

データサイエンティストの取得済み資格

1位　Ｇ検定　35.8％
2位　基本情報技術者　29.1％
3位　統計検定（2級以上）　26.6％
4位　応用情報技術者　18.2％
5位　データサイエンティスト検定リテラシーレベル　14.2％

※一般社団法人データサイエンティスト協会の2022年5月の調査をもとに作成

データサイエンティストにアンケート調査をしたところ、保有資格の第1位は「Ｇ検定」でした。

STEP 2 ▸ ディープラーニングの知識を問う

ディープラーニングやAIに関する知識をテストします

G検定は日本ディープラーニング協会が実施する試験で、ディープラーニングに関する知識を問うものです。

STEP 3 ▸ キャリアアップに役立つ

キャリアの可能性が広がりました！

G 検定で習得できること

① AI の定義や様々な手法や仕組みについて体系的に学べる

②法律や倫理の問題等 AI のビジネス活用に必要な知識が身につく

③ビジネス活用事例等を通じて AI の活用イメージを掴むことができる

※G検定公式サイトより

G検定を取得すると、AIについての基礎知識を持っていることが証明でき、キャリアアップに役立ちます。

11 SE並みのプログラミングスキルは要らない

データ分析に関わる
コンピュータ言語の
知識は必須

STEP 1 ▶高度なプログラミングスキルは不要

業務システムを
作りました！
ゲームを自作
しました！
あんなスキルは
持ってないよ……
あのレベルまでは
要りません

データエンジニアリング力を要求されますが、SEのように高度なプログラミングスキルは必要ありません。

STEP 2 ▶ 分析ツールでのプログラミングはシンプル

思ったより
簡単だ

分析ツール上でのプログラミングは簡易化されていて、高度な分析が必要なければ基礎的な知識で対応できます。

STEP 3 ▶ コンピュータ言語の知識と技術は必要

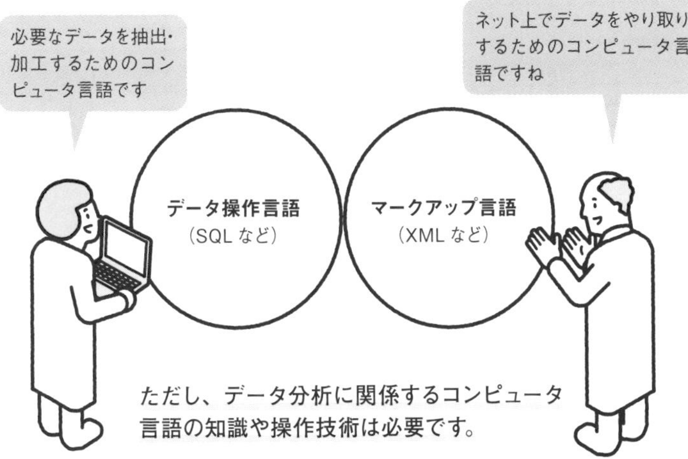
必要なデータを抽出・加工するためのコンピュータ言語です
ネット上でデータをやり取りするためのコンピュータ言語ですね
データ操作言語
（SQL など）
マークアップ言語
（XML など）

ただし、データ分析に関係するコンピュータ言語の知識や操作技術は必要です。

12 技術の進歩がデータサイエンスを民主化する

「市民データサイエンティスト」が続々誕生

STEP 1 ▶低価格のパソコンでもデータ分析

PCの能力が進歩し、低予算でもデータサイエンスに取り組めるようになりました。

機械学習に適したPCですよ！
この価格帯のPCで機械学習ができるのか

STEP 2 ▶ クラウドの進化も大きく貢献

初期投資なしで分析環境を構築できる!

必要なストレージやアプリをインターネット経由で利用できるクラウドサービスの進歩も、データサイエンスのハードルを下げました。

STEP 3 ▶ 新しいアルゴリズムが続々登場

ディープラーニングのような新しいアルゴリズムの登場によって、データサイエンスがビジネスの現場で広く活用されるようになりました。

ディープラーニングを駆使して……
おお、今話題の!

13 データサイエンスの世界的コミュニティ「Kaggle」

データ分析の精度を
コンペで競い合う

STEP 1 ▶ データサイエンティストのコミュニティ

Kaggle(カグル)とは、Google社に2017年に買収されたKaggle社が運営する、データサイエンスのプラットフォームです。

企業などの組織とデータサイエンティストがつながります
Kaggle
世界中のデータサイエンティストが集まるコミュニティです
参加者はKagglerと呼ばれています

STEP 2 ▸データ分析のコンペが開催されている

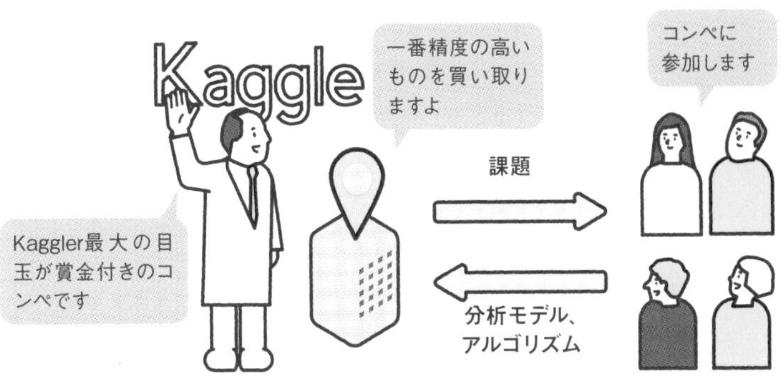
Kaggle
一番精度の高いものを買い取りますよ
コンペに参加します
課題
Kaggler最大の目玉が賞金付きのコンペです
分析モデル、アルゴリズム

Kaggleでは、企業などからデータ分析の課題が出され、企業はその結果を賞金という形で買い取ります。

STEP 3 ▸スキル向上が目的の参加者が多い

賞金よりスキルを磨くことを目的とした参加者が多く、初心者向けのトレーニングなども行われています。

他ユーザーの構築したコードが公開される機能もあります
僕は初心者だから勉強になるなあ
なるほど、こうすればよかったのか

Column ④

データサイエンティストは「麻酔科医」にそっくり？

データサイエンティストという仕事は、麻酔科医とよく似ています。

脳外科や呼吸器科などといった診療科に比べて地味なイメージを持たれがちな麻酔科医は、単独で開業医になるケースが少なく、麻酔科医を目指す医学部生の数は比較的少ないようです。それでも、麻酔科医は言うまでもなく医療の現場に不可欠な存在ですから、慢性的に人手不足の状態が続いています。

「現場に必要な存在ではあるものの、光が当たりづらい」という状況は、まさに現状のデータサイエンティストの立場と同じだと言えるでしょう。麻酔科医が「麻酔を打つだけでしょ」という誤解をされるのと同じように、データサイエンティストも「データを分析するだけでしょ」という誤解を持たれがちなのです。Chapter4でも解説したように、データサイエンティストの仕事はデータの分析にとどまらず、データ分析をもとにした戦略提案にまで広がっています。ビジネスのあらゆる分野において「縁の下の力持ち」として価値を提供し、「データを分析するだけ」という誤解を払拭することが、これからのデータサイエンティストに求められるのです。

Chapter

5

データサイエンティストをとりまく課題

データサイエンティストが活躍する環境には課題も存在します。データを上手く活用するために誰もが知っておくべき実態に迫ってみましょう。

01 「先端IT人材」が足りない

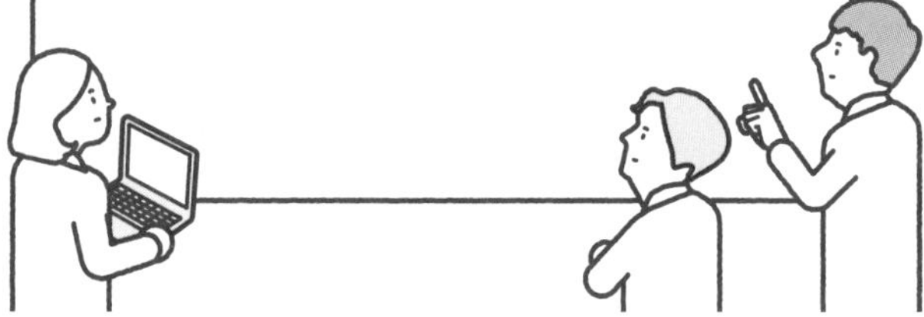
2030年には
54.5万人不足する

STEP 1 ▶新たなITを担う存在が必須の時代

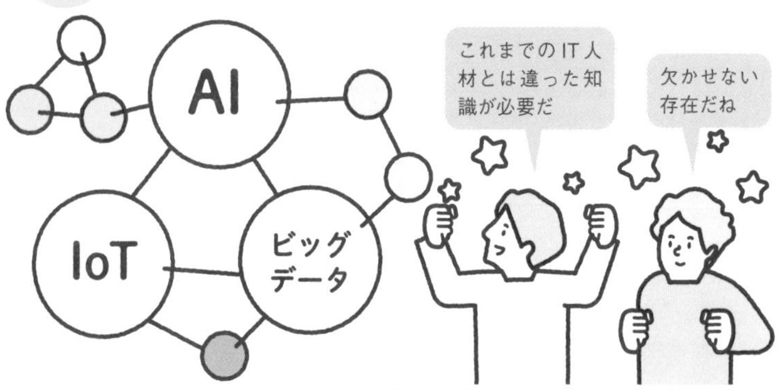
AI
IoT
ビッグデータ
これまでのIT人材とは違った知識が必要だ
欠かせない存在だね

ITの進化がめざましい現代では、データサイエンティストを含む先端IT人材の存在が必要不可欠です。

STEP 2 ▶人材の需要に対して供給が追いつかない

いろんな企業が
探している……
うちにぜひ
来てください！
人が足りない！

先端IT人材は、企業の需要に対して供給が追いつかない状態が続いています。

STEP 3 ▶このままだと人手不足はどんどん加速

※経済産業省「IT人材需給に関する調査」（2019年）をもとに作成

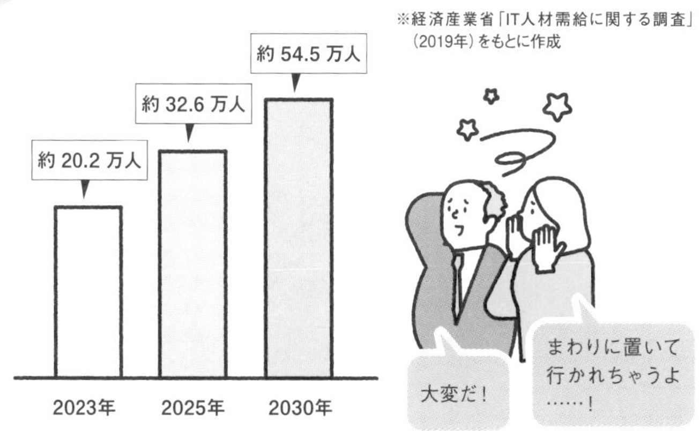
約 20.2 万人
約 32.6 万人
約 54.5 万人
2023年
2025年
2030年
大変だ！
まわりに置いて
行かれちゃうよ
……！

このままだと人手不足は深刻化し続け、7年後には54万人以上が不足するというデータもあります。

02 教育の遅れ、理系人材の不足

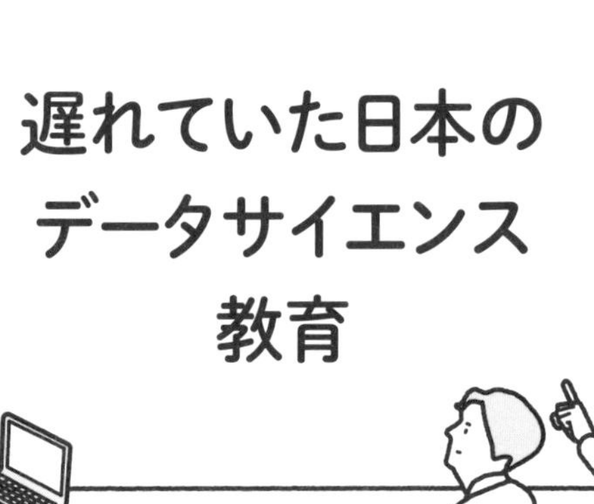
遅れていた日本の
データサイエンス
教育

STEP 1 ▶日本には理系分野が苦手な人が多い

標準偏差を見て
みると……
よくわかんないや
数字は
苦手

早い段階で文系か理系かを選択する日本では、他国より理数系分野に苦手意識を持つ人が多いのです。

STEP 2 ▶ データサイエンティストの認知度も低い

※データサイエンティスト協会「学生向けアンケート」(2022年) より

よく知っているよ
「データサイエンティスト」という職業を知っていますか?
全然知りません〜

大学生にデータサイエンティストを知っているかどうかを調査した結果、7 割の人が「よく知らない」と答えました。

STEP 3 ▶ データサイエンスが必修になる時代へ

数理・データサイエンス・AI
(リテラシーレベル)
モデルカリキュラム
〜データ思考の涵養〜
AI 時代に対応した人材育成をします!
おお〜!
データサイエンス人材がどんどん社会に出ていくぞ!

2022 年、内閣府の数理・データサイエンス・AI 教育プログラム認定制度検討会議は、データサイエンスの基礎を学ぶ具体的な指導法やカリキュラムを含めた提言を策定しました。

03 AI戦略の遅れを取り戻せるか

ビッグテックはデータとAIで巨大化した

STEP 1 ▶日本はAI戦略で欧米に遅れを取っている

待って〜!
どんどんいくぞ!
すごい差だ……

AIを積極的に活用し成功を収める欧米先進企業に対し、日本はAI戦略のための人材育成が遅れています。

STEP 2 ▶ AI発展の要はアルゴリズムの発見と学習

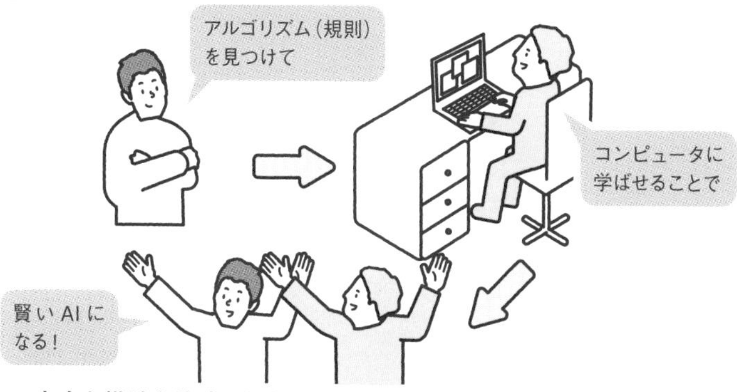
アルゴリズム（規則）
を見つけて
コンピュータに
学ばせることで
賢いAIに
なる！

高度な推論を的確に行うAIを作り出すためのアルゴリズムを見つける仕事が、データサイエンティストに求められています。

STEP 3 ▶ データサイエンスの力で世界に追いつく

データを上手に
活用できる人
材が必要だ

AI戦略の遅れを取り戻して世界に追いつくために、日本はデータサイエンスに注力する必要があるのです。

04 「データ取得に対する規制」との戦い

個人が特定できない程度にデータを加工して使う

STEP 1 ▶データが自由に取れなくなってきた

プライバシー保護の観点から、個人データの取得・活用に制約がかかりつつあることが、データサイエンティストにとっての逆風となっています。

規制が厳しい
データが取れない

STEP 2 ▸ データを匿名化すれば活用できる

どんな広告が
効果的か……
30代男性
関東圏在住
年収500万～600万円
新商品はどれくらい
売れるだろう

個人が特定できないほどにデータを匿名化すれば、マーケティングやプロモーションに活用することが認められています。

STEP 3 ▸ 規則の遵守と世間の理解が不可欠

個人は絶対に特定
されません！
プライバシー
を守ろう
それなら
安心だ
法律やデータの処理だけ
じゃなくて、利用者の感情
にも配慮しよう

適切にデータを処理することはもちろん、世間に対する丁寧な説明によって、データ活用に対する理解を得ることが大切です。

05 理想と現実のギャップに悩むデータサイエンティスト

地道な業務も
たくさんある

STEP 1 ▶ 実際は裏方の仕事も多い

ビジネスシーンに
革命を起こすぞ！
入社前
入社後
単純なデータ処理
ばっかりだ……

華やかなイメージと実際の地道な業務内容とのギャップに直面し、不満を感じる人も少なくありません。

STEP 2 ▸ 得意分野ばかり任されるとは限らない

こっちのほうが優先度が高いんだ……
マーケティングと聞いていたのに物流ライン最適化のお仕事ですか！？

自分の得意分野と異なる業務を担当することになれば、扱うデータの種類や分析の目的も異なり、データサイエンティストの満足度低下につながります。

STEP 3 ▸ 業務内容を事前に企業とすり合わせる

わかりました。よろしくお願いします！
ウチで君に任せたい仕事は○○と△△だ

扱うデータによって、データサイエンティストの業務内容は大きく変わります。企業側とデータサイエンティストとの間で認識のすり合わせを行うことが重要です。

06 データの前処理で3日間徹夜

データ分析は
前処理の時間が8割

STEP 1 ▶データの「前処理」とは?

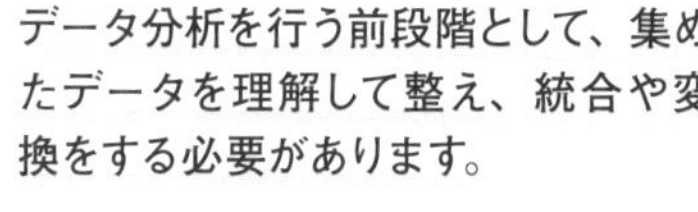

データ分析を行う前段階として、集めたデータを理解して整え、統合や変換をする必要があります。

いろいろな形式の
データを集めよう

ようやく分析に
使える形に整ったぞ!

STEP 2 ▶提供者の「データは完璧だ」に要注意

データは完璧に揃っているよ
どうも
変数はバラバラだし、欠損値だらけじゃないか……3日徹夜だよ

膨大なデータの欠損値や変数などを整える必要があるため、前処理にかかる時間を見誤ると大変な事態になります。

STEP 3 ▶自動化ツールに頼れない現状

自動化ツールだけでは
前処理できない理由
・欠損値にどんな値を入力するかで結果が大きく変わる
・ミスが見落とされる可能性がある
大変だ……
どうしても人のチェックが必要なんです

前処理を自動化するツールもあるものの、最終的には人間によるチェックを必要とするのが現状です。

07 分析した結果が現場の“直感”に合わない

結果の妥当性を
説明するのも
大事な仕事

STEP 1 ▶感覚でわからない結果に不信感を抱く

これまでのセオリーと真逆じゃないか
データ分析をした結果がこちらです！
それ本当なの？

データサイエンスに基づいて導かれた結果でも、現場の感覚と合わないと信用してもらえないことがあります。

STEP 2 ▶「新発見」も活用されなければ水の泡に

実践すれば競合を
引き離せるのに……！
そうしましょう
頑張って分析
した意味がな
いじゃないか
今まで通りの
戦略でいこう

結果が「新発見」でも現場に活用されなければ水の泡。データサイエンティストの士気にも関わります。

STEP 3 ▶現場に納得してもらうための説明力も必要

この結果が導き出され
た根拠は……
これは新しい
考え方だ！
試してみる価値
がありそうです

データサイエンティストは適切にデータを分析することと同時に、その結果が現場に受け入れられるような工夫が必要なのです。

08 データ分析自体が目的化してしまうことがある

「0.1%の精度アップ」は求められているのか?

STEP 1 ▶データ分析に夢中になっては本末転倒

そこを追求する意味はあるの?
これで精度が0.1%上がるぞ……!
誤差の範囲内だよ

データを分析すること自体が目的になると現場との間にギャップが生じてしまいます。

STEP 2 ▶結果を活用できるようにサポートする

この分析結果から
わかることは……
なるほど、
わかりやすい！
これなら活用
できそう
活用方法の
具体案は……

分析した結果を、現場で活用してもらえるようにサポートするのもデータサイエンティストの大切な仕事です。

STEP 3 ▶分析のゴールを見失ってはいけない

ゴール
データを活かした
新しいマーケティング戦略
一緒に成功させ
ましょう！
はい！

ゴールはあくまでビジネスにメリットをもたらすことです。データ分析そのものが目的にならないよう注意が必要です。

09 データ分析を行う環境には制約が多い

限られた分析環境の中でベストを尽くす

STEP 1 ▸ 制約の例①：ハードウェア

できることが
限られてくるな
パソコンのスペック
（コストの問題）
クラウド環境の利用可否
（セキュリティの問題）

コストやセキュリティの問題から、使えるハードウェアに制約がかかることは珍しくありません。

STEP 2 ▶制約の例②：ソフトウェアやツール

先方が使っている
ソフトウェアを使っ
てくれたまえ
わ、わかり
ました……
ほかのツールを勝
手にインストール
するのはナシで

会社から用意された環境では使えないソフトウェアがあることや、先方が使うツールに合わせなければいけないケースもあります。

STEP 3 ▶限られた環境でベストな成果を出す

データ分析チーム
この環境下でできる
範囲の仕事をしよう！
頑張りましょう！
そうですね！

制限の多い分析環境だったとしても、その中でベストを尽くすことが重要です。

Column ⑤

あらゆる業種に広がるIT教育

近年、ビジネスの変革のためにデジタル技術の力を活用するDX（デジタルトランスフォーメーション）の必要性が叫ばれています。DXは、少数の高度IT人材の力のみで推し進められるものではなく、組織全体にITリテラシーが備わっていてこそ実現するものです。

そのような背景から、非IT系の業種においても、社員に向けて積極的にIT教育を行う企業が増えています。中でも、情報処理技術者試験のひとつである「ITパスポート」の取得を推奨する企業が増えてきています。ITパスポートは「情報技術を利活用するすべてのビジネスパーソンが備えておくべき基本的なIT知識」を測る試験で、このレベルの知識を多くの社員が身につけておくことは、会社全体のITリテラシーの底上げにつながると見られているのです。現代のビジネス環境において、IT知識は業種を問わず誰もが持っておくべき素養だと言えるでしょう。

Chapter

6

データサイエンスの未来

データサイエンスならびにデータサイエンティストが切り拓いていく未来を想像してみましょう。

01 多くのデータサイエンティストが仕事に将来性を感じている

現役の81%が
将来性を感じている

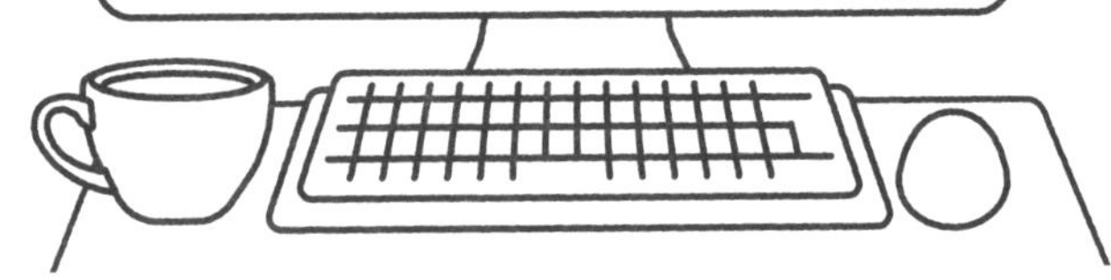

STEP 1 ▶ 現在の業務に満足しているのは「42%」

現在の業務に満足していますか？

満足している 42% | 58% どちらともいえない／満足していない

出典：データサイエンティスト協会による調査

現役のデータサイエンティストにアンケートを取った結果、現在の業務に満足しているのは 42%という結果になりました。

STEP 2 ▶しかし全体の81%が「将来性を感じている」

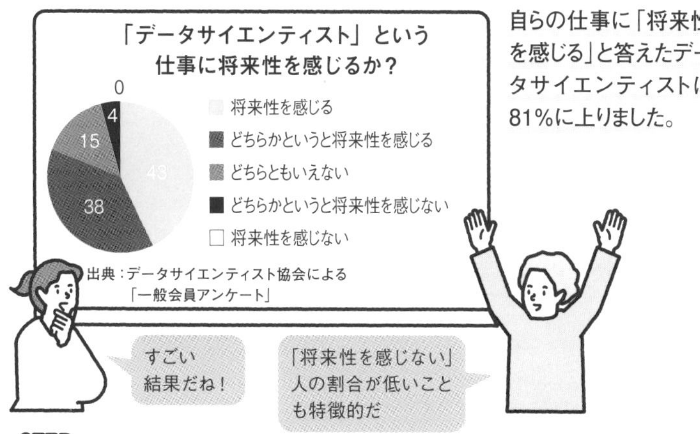
「データサイエンティスト」という
仕事に将来性を感じるか？
0
4
15
43
38
将来性を感じる
どちらかというと将来性を感じる
どちらともいえない
どちらかというと将来性を感じない
将来性を感じない
出典：データサイエンティスト協会による
「一般会員アンケート」
すごい
結果だね！
「将来性を感じない」
人の割合が低いこと
も特徴的だ

自らの仕事に「将来性を感じる」と答えたデータサイエンティストは81%に上りました。

STEP 3 ▶「現状に不満」でも未来への希望がある

分析環境が
よくない
単純作業
ばっかりだよ
……
でもこの仕事
には将来性
がある

現状に不満を抱えるデータサイエンティストは3割ほどいるものの、未来に対しては高い希望を抱いているのです。

02 「現場を理解する力」が求められていく

データ分析だけで
価値が出せる
時代は終わった

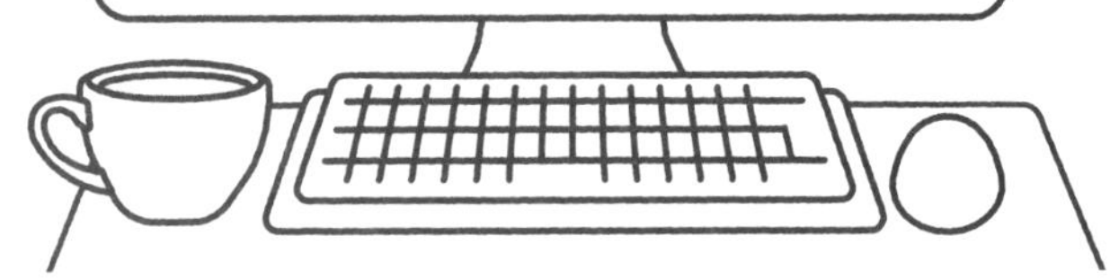

STEP 1 ▶ データを実ビジネスに活かせる人が少なかった

大学で統計を
学んでいました
データを扱うのは
お任せください！

プログラミングの
知識も豊富です！
ただビジネスには
疎いんです

初期のデータサイエンティストは、データ分析には長けていても、それをビジネスの現場に落とし込む能力を持つ人が少なかったのです。

STEP 2 ▶ビジネスパーソンはデータ分析に時間を割けない

本業に追われるビジネスパーソンには、データ分析に回す余力がないこともしばしばあります。

これからは「データの時代」だって
データ分析にかける時間はないよ

STEP 3 ▶現場を知るデータサイエンティストが重宝される

これからは、ビジネス課題を抽出し、データの力で解決の提案ができるデータサイエンティストが求められるようになります。

業界全体の課題ですよね
よくわかっていらっしゃる！
なるほど！
このデータが使えるかもしれません

03 分析結果をわかりやすく伝えるスキルが重要

グラフの選定
ひとつでわかり
やすさが変わる

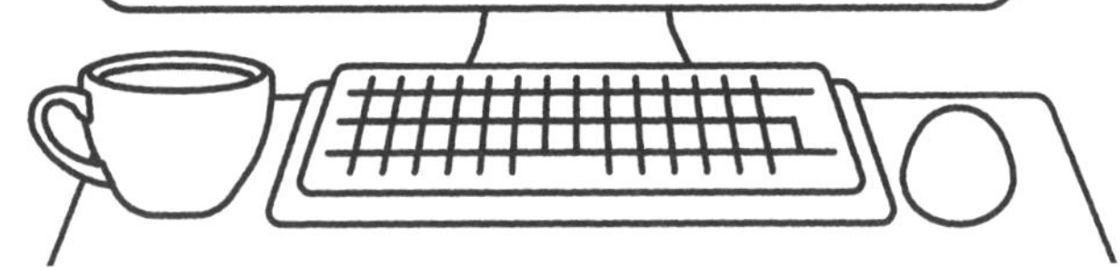

STEP 1 ▶ 納得が得られないと提案は受け入れられない

分析結果を活用する担当者が納得できるように伝えなければ、データサイエンティストの提案は受け入れられません。

驚くべき分析結果となりました
うーん、難しい
わかる?
ピンとこない

STEP 2 ▶伝えたいことに合うグラフを選ぶ

円グラフのほうが
ひと目でわかりや
すい気がします
たしかに!
そうしよう!

ただ数値を並べるだけでなく、伝えたいことに合わせたグラフや図表を選ぶのも重要なポイントです。

STEP 3 ▶伝えるまでがデータサイエンティストの仕事

分析が
終わった
あとは
よろしく!
中間報告の構成までみんな
で考えましょうよ!

分析するまでではなく結果を伝えるまでが、データサイエンティストの役割なのです。

04 データを使って「何ができるか」を提案する力

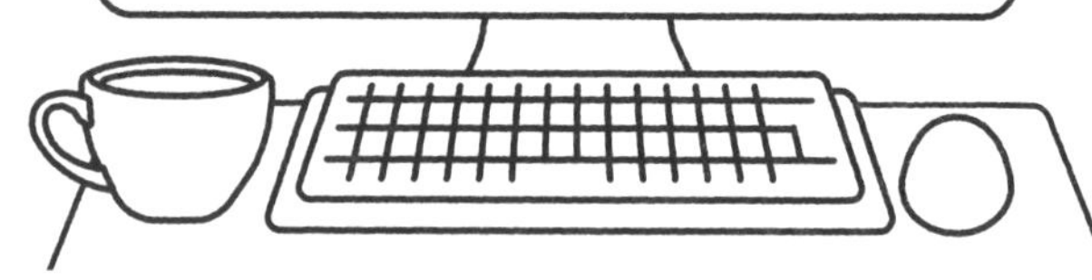
膨大なデータは
アイデアの源泉

STEP 1 ▶「課題解決のためにデータを使う」場面が多い

24
データを駆使して
戦略を考えましょう
売上が上がら
なくて……

これまでは、ビジネス上の課題を起点として、それを解決するためにデータを活用するというアプローチが大半でした。

STEP 2 ▶「データから何ができるか」という視点も重要

SNSの書き込みデータ、
何かに使えませんかね
ちょっと考えて
みようか

課題起点だけではなく、これからはデータを起点にして新しい付加価値を生もうとする「データ起点」の発想も重要になります。

STEP 3 ▶膨大なデータを活かすための想像力

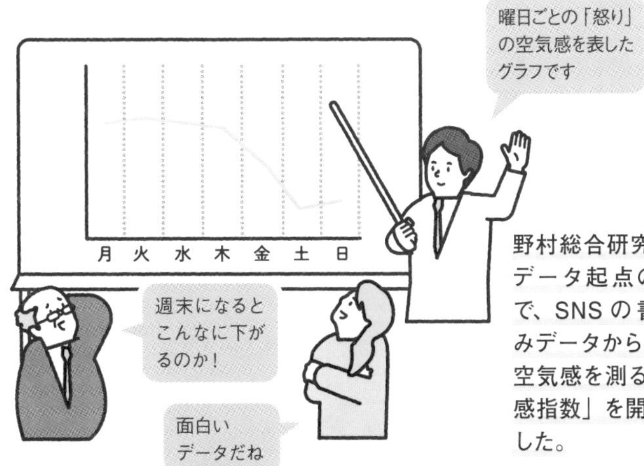
曜日ごとの「怒り」
の空気感を表した
グラフです
月 火 水 木 金 土 日
週末になると
こんなに下が
るのか！
面白い
データだね

野村総合研究所は、データ起点の発想で、SNSの書き込みデータから日本の空気感を測る「空気感指数」を開発しました。

05 デジタル化がもたらすデータサイエンスのニーズ

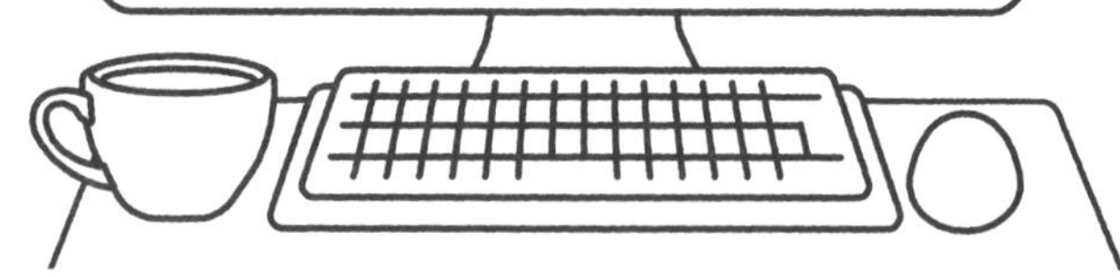
世の中の
データの量が
どんどん増える

STEP 1 ▶日本のデジタル化も進展の兆し

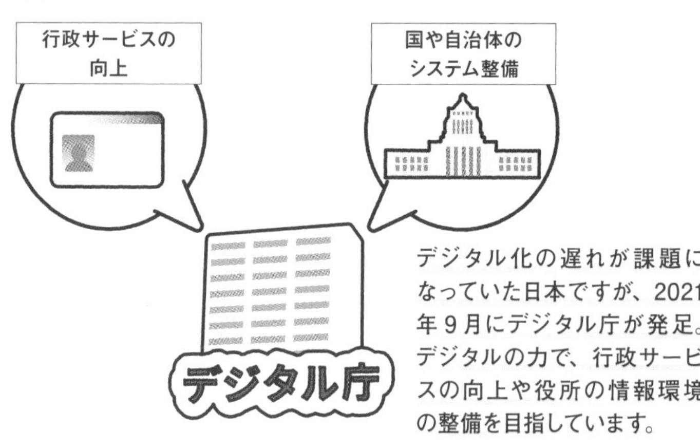
行政サービスの
向上
国や自治体の
システム整備
デジタル庁

デジタル化の遅れが課題になっていた日本ですが、2021年９月にデジタル庁が発足。デジタルの力で、行政サービスの向上や役所の情報環境の整備を目指しています。

STEP 2 ▶ デジタル化が進むとデータが増える

デジタル化が進んでいくことは、世の中のデータの数がどんどん増えていくことを意味します。

STEP 3 ▶ データサイエンスのニーズが高まる

データの量が増えれば、それを分析する必要が生じます。デジタル化の進展は、データサイエンスのニーズと深く関わっているのです。

06 ビジネスの仮説検証「PoC」という活躍の場

ビジネスの成否をシミュレーションする

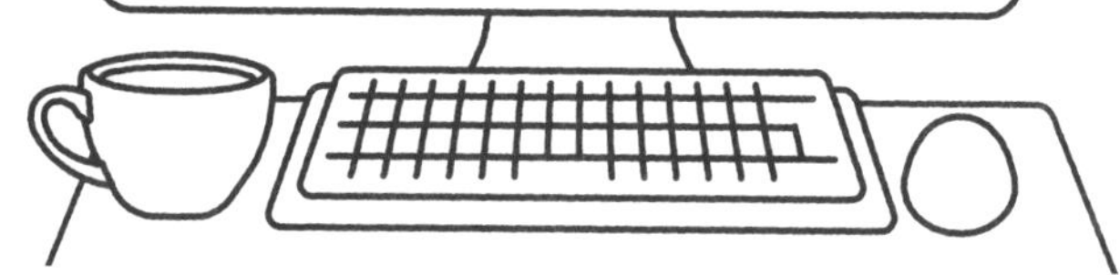

STEP 1 ▸大きな投資はリスクが大きい

やってみますか？
うまくいくかなあ
外れたときが怖いよね

大きな投資を伴うビジネスは失敗したときのダメージも大きく、机上の議論のみで判断を行うことは難しいものです。

STEP 2 ▶「PoC」で世の中の反応をうかがう

まずは 100 人に
使ってもらおう
評判は悪くない
気がします

PoC（Proof of Concept）は、そのビジネスが成り立つかどうかを検証するための、実証実験のような活動です。

STEP 3 ▶「PoCで得たデータ」+「外部データ」で分析する

PoC で集まった
データはこれです
いろんな統計データ
と組み合わせて見て
いきましょう
DATA
DATA
DATA

データサイエンティストは、PoC で得られる限定的なデータと外部から得られるデータを組み合わせて、そのビジネスの成否をシミュレーションする場面で活躍できます。

07 IT以外の業界にも活躍の場が広がっていく

製造業での
活躍事例が
徐々に増加

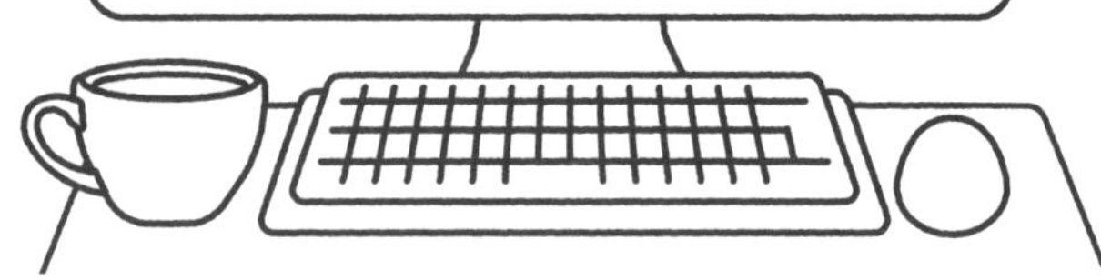

STEP 1 ▶IT・通信系企業で多く活躍

AI 革命を
起こそう
データをフル
活用しよう

もともとデータサイエンティストという職業が、莫大なデータを有するIT 系企業で誕生したことから、多くのデータサイエンティストはIT・通信系企業で活躍しています。

STEP 2 ▶製造業での活躍事例が増えた

データでマーケティング戦略を見直しましょう
若い世代に売れていないなあ
NEW
データをもっと活用してみましょう
配送の工程を効率化できないかなあ

近年は製造業においてデータ活用に対する意識が変わり、多くのデータサイエンティストが活躍しています。

STEP 3 ▶あらゆる業種へ拡大していく

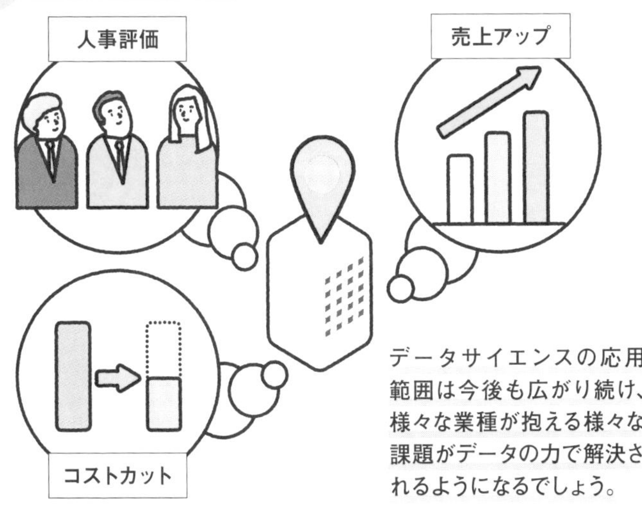
人事評価
売上アップ
コストカット

データサイエンスの応用範囲は今後も広がり続け、様々な業種が抱える様々な課題がデータの力で解決されるようになるでしょう。

08 広がりを見せる「データサイエンス教育」

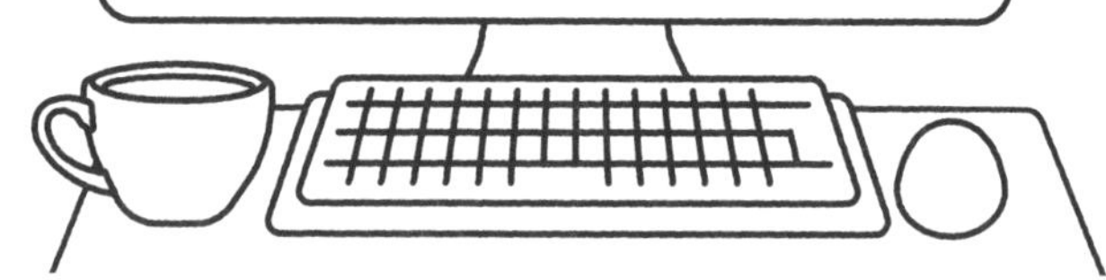

データサイエンス
専門学部の
新設ラッシュ

STEP 1 ▶ 3つのスキルをカバーできる学部がなかった

経営学部
ビジネス力

以前は、データサイエンティストに求められる3つのスキルは、それぞれ異なる学部で習得しなければなりませんでした。

理学部（数学科など）
データサイエンス力

情報学部
データエンジニアリング力

STEP 2 ▶2017年に「データサイエンス学部」が誕生

祝

2017年、滋賀大学が日本で初めて「データサイエンス学部」を新設し、データサイエンティストに必要なスキルが、1つの学部で体系的に学べるようになりました。

STEP 3 ▶専門学部がどんどん増えた

滋賀大学を皮切りに、全国の様々な大学でデータサイエンス専門学部が誕生しはじめています。

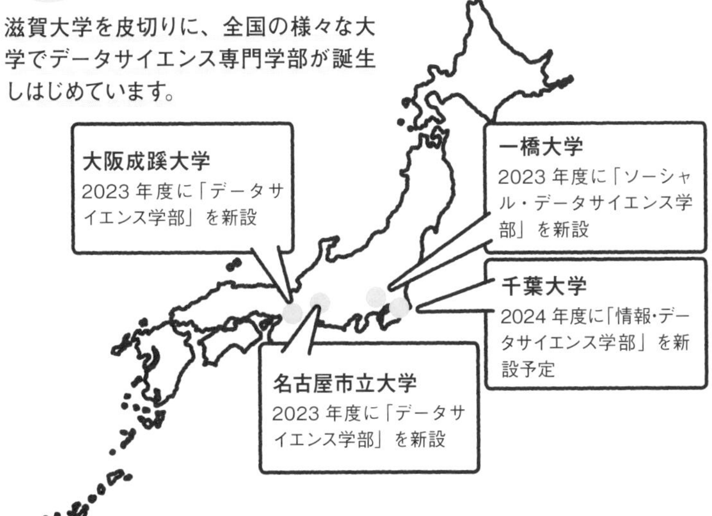
大阪成蹊大学
2023 年度に「データサイエンス学部」を新設
一橋大学
2023 年度に「ソーシャル・データサイエンス学部」を新設
千葉大学
2024 年度に「情報・データサイエンス学部」を新設予定
名古屋市立大学
2023 年度に「データサイエンス学部」を新設

09 ビジネスを劇的に変える生成AI

あらゆる業種が
生まれ変わる

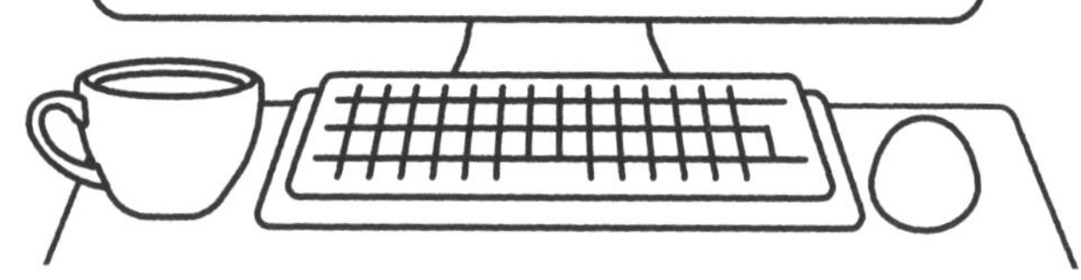

STEP 1 ▸「コンテンツを生み出せる」生成AI

従来の AI
結果が出た
みたいだ

数値などの構造的なデータを出力する従来の AI と異なり、画像や文章などを「創造」して出力するのが生成 AI の特徴です。

生成 AI
AI
A
あ
まるでクリエイターだ！

STEP 2 ▶近年目覚ましい進化を続けている

コンピュータの性能アップなどの要因もあり、近年の生成AIは劇的に進化し、ビジネスへの活用の可能性が広がりました。

精度向上
（学習量の増加）
生成スピード
向上
使いやすさ
向上
精度の高い
回答だ！
画面が見やすく
てすぐに使える！

STEP 3 ▶多様な業種・業務で活用される

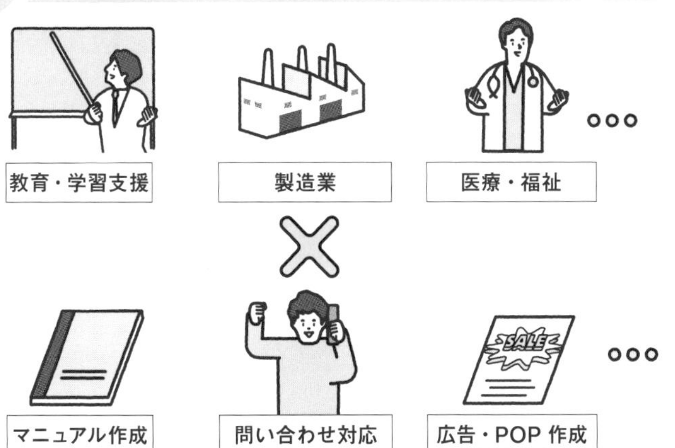
教育・学習支援
製造業
医療・福祉
マニュアル作成
問い合わせ対応
SALE
広告・POP 作成

使いやすく、幅広いタスクに対応できる生成 AI は、あらゆる業種や業務を変革し始めています。

10 「データは無限にある」からデータサイエンスの未来は明るい

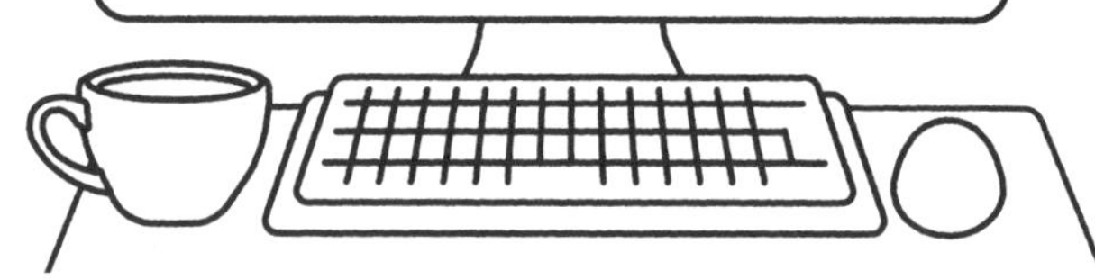
データはこれからも
増え続ける

STEP 1 ▶ デジタル化の進展でデータは増え続ける

デジタル化や IoT の進展によって、取得できるデータはこれからどんどん増えていきます。

センサーがいろんなところについている！

データがたくさん取れるね

STEP 2 ▶多くの企業はデータの活かし方を知らない

取れるデータが増えてきたとしても、多くの企業は、それを有効に活用する方法を知らない場合が多いのです。

データはいっぱい
あるんですけどね……
宝の持ち腐れって
感じだ

STEP 3 ▶データサイエンスの可能性は無限大

データは無限にあり、そして企業が抱える問題も尽きるものではありません。だからこそデータサイエンティストへのニーズも無限大なのです。

早速見て
いきましょう!
こういうデータ、どうやって
使ったらいいんでしょうか
売上拡大に
活かしたいんです

Column ⑥

右肩上がりに増え続けるIoTデバイス

総務省が2023年7月に公開した令和5年版情報通信白書によると、2022年現在の世界のIoTデバイスは324億台で、2023年以降も順調に増え続け、2025年には440億台に上ると予測しています。

「モノのインターネット」と訳されるIoTは、世の中のあらゆるモノをインターネットにつないで使う仕組みのことです。腕に着けて使うスマートウォッチやスマート家電など、IoTデバイスはどんどん身近になっていきますが、これからその数はどんどん増えていくというわけです。

大量のIoTデバイスによって収集される多種多様なデータを味方につけるために、これからはますますデータサイエンススキルが重要になっていくのです。

参考文献

統計学やデータサイエンススキルのことを
もっと詳しく知りたい人は、是非ともお読みください！

『ビジュアル データサイエンティスト基本スキル84』
（野村総合研究所データサイエンスラボ編、日本経済新聞出版）

『データサイエンティスト入門』
（野村総合研究所データサイエンスラボ編、日本経済新聞出版）

『まるわかりChatGPT＆生成AI』
（野村総合研究所編、日本経済新聞出版）

BOOK STAFF

編集　丹羽祐太朗、細谷健次朗（株式会社G.B.）
編集協力　三ツ森陽和
執筆協力　龍田 昇、上田美里
イラスト　本村 誠
デザイン　森田千秋（Q.design）

監修　野村総合研究所 未来創発センター
生活 DX・データ研究室

コンサルティングサービスとITソリューションを提供する野村総合研究所において、全社横断で、データサイエンスに関するノウハウの集約・共有、データサイエンティストの育成・活用を推進するための組織。YouTube「NRIデータサイエンスラボチャンネル」にて、データサイエンス用語の解説などを発信中。

担当者紹介

塩崎 潤一（しおざき・じゅんいち）

生活DX・データ研究室長、(一社) データサイエンティスト協会理事。
1990年筑波大学第三学群社会工学類卒業、野村総合研究所入社。データサイエンス、マーケティング戦略、日本人の価値観、数理モデル構築などが専門。

広瀬 安彦（ひろせ・やすひこ）

生活DX・データ研究室エキスパート研究員、(一社) データサイエンティスト協会コミュニティ・ハブ委員。
慶應義塾大学文学部、青山学院大学社会情報学研究科博士前期課程修了。データサイエンティスト育成、WEB広報戦略などが専門。

倍速講義
仕事で役立つ統計学

2023 年 10 月 18 日　1 版1刷

監　修	野村総合研究所 未来創発センター 生活 DX・データ研究室
発行者	國分 正哉
発　行	株式会社日経 BP 日本経済新聞出版
発　売	株式会社日経 BP マーケティング 〒105-8308 東京都港区虎ノ門 4-3-12 https://bookplus.nikkei.com/
カバーデザイン	野網 雄太（野網デザイン事務所）
印刷・製本	シナノ印刷

ISBN978-4-296-11901-1
Printed in Japan